U0245012

数学中的美学方法

徐本顺 殷启正◎著

SCIENCE & HUMANITIES

07

(珍藏版)

数学科学文化理念传播丛书(第一辑)

Aesthetical Methods in Mathematics

大连理工大学出版社
Dalian University of Technology Press

图书在版编目(CIP)数据

数学中的美学方法：珍藏版 / 徐本顺，殷启正著
. —2 版 . —大连：大连理工大学出版社，2016.1
(2017.3 重印)
（数学科学文化理念传播丛书）
ISBN 978-7-5685-0206-1

Ⅰ. ①数… Ⅱ. ①徐… ②殷… Ⅲ. ①数学—美学—
研究 Ⅳ. ①O1-05

中国版本图书馆 CIP 数据核字(2015)第 291161 号

大连理工大学出版社出版
地址:大连市软件园路 80 号   邮政编码:116023
发行:0411-84708842 传真:0411-84701466 邮购:0411-84708943
E-mail:dutp@dutp.cn URL:http://www.dutp.cn
大连住友彩色印刷有限公司印刷   大连理工大学出版社发行

幅面尺寸:188mm×260mm   印张:8.25   字数:114 千字
2008 年 4 月第 1 版   2016 年 1 月第 2 版
2017 年 3 月第 2 次印刷

责任编辑:刘新彦　王　伟   责任校对:田中原
封面设计:冀贵收

ISBN 978-7-5685-0206-1   定价:39.00 元

数学科学文化理念传播丛书·第一辑

编 写 委 员 会

丛书顾问　周·道本　王梓坤

　　　　　　胡国定　钟万勰　严士健

丛书主编　徐利治

执行主编　朱梧槚

委　　员（按姓氏笔画排序）

　　　　　　王　前　　王光明　　冯克勤　　李文林

　　　　　　杜国平　　肖奚安　　罗增儒　　郑毓信

　　　　　　徐沥泉　　涂文豹　　萧文强

总　序

一、数学科学的含义及其在
学科分类中的定位

20世纪50年代初,我曾就读于东北人民大学(现吉林大学)数学系,记得在二年级时,曾有两位老师①在课堂上不止一次地对大家说:"数学是科学中的女王,而哲学是女王中的女王."

对于一个初涉高等学府的学子来说,很难认知其言真谛.当时只是朦胧地认为,其言大概是指学习数学这一学科非常值得,也非常重要.或者说与其他学科相比,数学可能是一门更加了不起的学问.到了高年级时,开始慢慢意识到,数学与那些研究特殊的物质运动形态的学科(诸如物理、化学和生物等)相比,似乎真的不在同一个层面上.因为数学的内容和方法不仅要渗透到其他任何一个学科中去,而且要是真的没有了数学,则就无法想像其他任何学科的存在和发展了.后来我终于知道了这样一件事,那就是美国学者道恩斯(Douenss)教授,曾从文艺复兴时期到20世纪中叶所出版的浩瀚书海中,精选了16部名著,并称其为"改变世界的书".在这16部著作中,直接运用了数学工具的著作就有10部,其中有5部是属于自然科学范畴的,它们是:

(1) 哥白尼(N. Copernicus)的《天体运行》(1543年);

(2) 哈维(William Harvery)的《血液循环》(1628年);

(3) 牛顿(I. Newton)的《自然哲学之数学原理》(1729年);

(4) 达尔文(E. Darwin)的《物种起源》(1859年);

---

① 此处的"两位老师"指的是著名数学家徐利治先生和著名数学家、计算机科学家王湘浩先生.当年徐利治先生正为我们开设"变分法"和"数学分析方法及例题选讲",而王湘浩先生正为我们讲授"近世代数"和"高等几何".

（5）爱因斯坦（A. Einstein）的《相对论原理》（1916 年）.

另外 5 部是属于社会科学范畴的，它们是：

（6）潘恩（T. Paine）的《常识》（1760 年）；

（7）史密斯（Adam Smith）的《国富论》（1776 年）；

（8）马尔萨斯（T. R. Malthus）的《人口论》（1789 年）；

（9）马克思（Karl Max）的《资本论》（1867 年）；

（10）马汉（R. Thomas Mahan）的《论制海权》（1867 年）；

在道恩斯所精选的 16 部名著中，若论直接或间接地运用数学工具的，则就无一例外了.由此可以毫不夸张地说，数学乃是一切科学的基础、工具和精髓.

至此似已充分说明了如下事实：数学不能与物理、化学、生物、经济或地理等学科在同一层面上并列.特别是近 30 年来，先不说分支繁多的纯粹数学的发展之快，仅就顺应时代潮流而出现的计算数学、应用数学、统计数学、经济数学、生物数学、数学物理、计算物理、地质数学、计算机数学等如雨后春笋般地产生、存在和发展的事实，就已经使人们去重新思考过去那种将数学与物理、化学等学科并列在一个层面上的学科分类法的不妥之处了.这也是多年以来，人们之所以广泛采纳"数学科学"这个名词的现实背景.

当然，我们还要进一步从数学之本质内涵上去弄明白上文所说之学科分类上所存在的问题，也只有这样才能使我们能在理性层面上对"数学科学"的含义达成共识.

当前，数学被定义为是从量的侧面去探索和研究客观世界的一门学问.对于数学的这样一种定义方式，目前已被学术界广泛接受.至于有如形式主义学派将数学定义为形式系统的科学，更有如形式主义者柯亨（Cohen）视数学为一种纯粹的在纸上的符号游戏，以及数学基础之其他流派所给出之诸如此类的数学定义，可谓均已进入历史博物馆，在当今学术界，充其量只能代表极少数专家学者之个人见解.既然大家公认数学是从量的侧面去探索和研究客观世界，而客观世界中之任何事物或对象又都是质与量的对立统一，因此没有量的侧面的事物或对象是不存在的.如此从数学之定义或数学之本质内涵出发，就必然导致数学与客观世界中的一切事物之存在和发展密切相关.同时也决定了数学这一研究领域有其独特的普遍性、抽象性和应用上的极端广泛性,从而数学也就在更抽象的层面上与任何特殊的物质运动形式息息相关.由此可见数学与其他任何研究特殊的物质运动形态的学科相比,要高出一个层面.在此或许可以认为,这也就是本人少时所闻之"数学是科学中的女王"一语的某种肤浅的理解.

再说哲学乃是从自然、社会和思维三大领域,亦即从整个客观世界的存在及其存在方式中去探索科学世界之最普遍的规律性的学问,因而哲学是关于整个客观世界的根本性观点的体系,也是自然知识和社会知识的最高概括和总结.因此哲学又要比数学高出一个层面.

这样一来,学科分类之体系结构似应如下图所示:

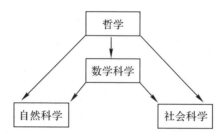

如上直观示意图的最大优点是凸现了数学在科学中的女王地位,但也有矫枉过正与骤升两个层面之嫌.因此,也可将学科分类体系结构示意图改为下图所示:

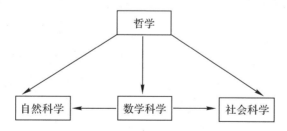

如上示意图则在于明确显示了数学科学居中且与自然科学和社会科学相并列的地位,从而否定了过去那种将数学与物理、化学、生物、经济等学科相并列的病态学科分类法.至于数学在科学中之女王地位,就只能从居中角度去隐约认知了.关于学科分类体系结构之如上两个直观示意图,究竟哪一个更合理,在这里就不多议了,因为少

时耳闻之先入为主,往往会使一个人的思维方式发生偏差,因此留给本丛书的广大读者和同行专家们去置评了.

二、数学科学文化理念与文化素质原则的内涵及价值

数学有两种品格,其一是工具品格,其二是文化品格.对于数学之工具品格而言,在此不必多议.由于数学在应用上的极端广泛性,因而在人类社会发展中,那种挥之不去的短期效益思维模式必然导致数学之工具品格愈来愈突出和愈来愈受到重视.特别是在实用主义观点日益强化的思潮中,更会进一步向数学纯粹工具论的观点倾斜,所以数学之工具品格是不会被人们淡忘的.相反地,数学之另一种更为重要的文化品格,却已面临被人淡忘的境况.至少数学之文化品格在今天已经不为广大教育工作者所重视,更不为广大受教育者所知,几乎到了只有少数数学哲学专家才有所了解的地步.因此我们必须古识重提,并且认真议论一番数学之文化品格问题.

所谓古识重提指的是:古希腊大哲学家柏拉图(Plato)曾经创办了一所哲学学校,并在校门口张榜声明,不懂几何学的人,不要进入他的学校就读.这并不是因为学校所设置的课程需要以几何知识基础才能学习,相反地,柏拉图哲学学校里所设置的课程都是关于社会学、政治学和伦理学一类课程,所探讨的问题也都是关于社会、政治和道德方面的问题.因此,诸如此类的课程与论题并不需要直接以几何知识或几何定理作为其学习或研究的工具.由此可见,柏拉图之所以要求他的弟子先行通晓几何学,绝非着眼于数学之工具品格,而是立足于数学之文化品格.因为柏拉图深知数学之文化理念和文化素质原则的重要意义.他充分认识到立足于数学之文化品格的数学训练,对于陶冶一个人的情操,锻炼一个人的思维能力,直至提升一个人的综合素质水平,都有非凡的功效.所以柏拉图认为,不经过严格数学训练的人是难以深入讨论他所设置的课程和议题的.

前文指出,数学之文化品格已被人们淡忘,那么上述柏拉图立足于数学之文化品格的高智慧故事,是否也被人们彻底淡忘甚或摒弃了呢?这倒并非如此.在当今社会中,仍有高智慧的有识之士,在某

些高等学府的教学计划中,深入贯彻上述柏拉图的高智慧古识.列举两个典型事例如下:

例 1,大家知道,从事律师职业的人在英国社会中颇受尊重.据悉,英国律师在大学里要修毕多门高等数学课程,这既不是因为英国的法律条文一定要用微积分去计算,也不是因为英国的法律课程要以高深的数学知识为基础,而只是出于这样一种认识,那就是只有通过严格的数学训练,才能使之具有坚定不移而又客观公正的品格,并使之形成一种严格而精确的思维习惯,从而对他取得事业的成功大有益助.这就是说,他们充分认识到了数学的学习与训练,绝非实用主义的单纯传授知识,而深知数学之文化理念和文化素质原则,在造就一流人才中的决定性作用.

例 2,闻名世界的美国西点军校建校将近两个世纪,培养了大批高级军事指挥员,许多美国名将也毕业于西点军校.在军校的教学计划中,学员们除了要选修一些在实战中能发挥重要作用的数学课程(如运筹学、优化技术和可靠性方法等)之外,规定学员还要必修多门与实战不能直接挂钩的高深的数学课.据我所知,本丛书主编徐利治先生多年前访美时,西点军校研究生院曾两次邀请他去做“数学方法论”方面的讲演.西点军校之所以要学员们必修这些数学课程,当然也是立足于数学之文化品格.也就是说,他们充分认识到,只有经过严格的数学训练,才能使学员们在军事行动中,能把那种特殊的活力与高度的灵活性互相结合起来,才能使学员们具有把握军事行动的能力和适应性,从而为他们驰骋于疆场打下坚实的基础.

然而总体来说,如上述及的学生或学员,当他们后来真正成为哲学大师、著名律师或运筹帷幄的将帅时,早已把学生时代所学到的那些非实用性的数学知识忘得一干二净了.但那种铭刻于头脑中的数学精神和数学文化理念,却会长期地在他们的事业中发挥着重要作用.亦就是说,他们当年所受到的数学训练,一直会在他们的生存方式和思维方式中潜在地起着根本性的作用,并且受用终身.这就是数学之文化品格、文化理念与文化素质原则之深远意义和至高的价值所在.

三、《数学科学文化理念传播丛书》
出版的意义与价值

有现象表明,教育界和学术界的某些思维方式正在深陷纯粹实用主义的泥潭,而且急功近利、短平快的病态心理正在病入膏肓.因此,推出一套旨在倡导和重视数学之文化品格、文化理念和文化素质的丛书,一定会在扫除纯粹实用主义和诊治急功近利病态心理的过程中起到一定的作用,这就是出版本丛书的意义和价值所在.

那么究竟有些什么现象足以说明纯粹实用主义思想已经很严重了呢? 如果要详细地回答这一问题,至少可以写出一本小册子来.在此只能举例一二,点到为止.

现在计算机专业的大学一、二年级学生,普遍不愿意学习逻辑演算与集合论课程,认为相关内容与计算机专业没有什么用.那么我们的教育管理部门和相关专业人士又是如何认知的呢? 据我所知,南京大学早年不仅要给计算机专业本科生开设这两门课程,而且还要开设递归论和模型论课程.然而随着思维模式的不断转移,不仅递归论和模型论早已停开,而且逻辑演算与集合论课程的学时数也在逐步缩减.现在国内坚持开设这两门课的高校已经很少了,大部分高校只在离散数学课程中,给学生讲很少一点逻辑演算与集合论知识.其实,相关知识对于培养计算机专业的高科技人才来说是至关重要的,即使不谈这是最起码的专业文化素养,难道不明白我们所学之程序设计语言是靠逻辑设计出来的? 而且柯特(E. P. Codd)博士创立关系数据库,以及许华兹(J. T. Schwartz)教授开发的集合论程序设计语言 SETL,可谓全都依靠数理逻辑与集合论知识的积累.但却很少有专业教师能从历史的角度并依此为例去教育学生,甚至还有极个别的专家教授,竟然主张把"计算机科学理论"这门硕士研究生学位课取消,认为这门课相对于毕业后去公司就业的学生太空洞,这真是令人瞠目结舌.特别是对于那些初涉高等学府的学子来说,其严重性更在于他们的知识水平还不了解什么有用或什么无用的情况下,就在大言这些有用或那些无用的实用主义想法.好像在他们的思想深处根本不知道高等学府是培养高科技人才基地,竟把高等学府视为专门培训录入、操作与编程的技工学校.因此必须让教育者和受教育者明白,用多少学多少的教学模式只能适用于某种技能的培训,对于培养高科技人才来说,此类纯粹实用主义的教学模式是十分可悲的.不仅误人子弟,如果任其误入歧途继续陷落下去,必将直接危害国家和社会的发展前程.

另外,现在有些现象甚至某些评审规定,所反映出来的心态和思潮就是短平快和急功近利,这样的软环境对于原创性研究人才的培养弊多利少.杨福家院士说:①

"费尔马大定理是数学上一大难题,360多年都没有人解决,现在一位英国数学家解决了,他花了9年时间解决了,其间没有写过一篇论文.我们现在的规章制度能允许一个人9年不出文章吗?"

"要拿诺贝尔奖,都要攻克很难的问题,不是灵机一动就能出来的,不是短平快和急功近利就能够解决问题的,这是异常艰苦的长期劳动."

据悉,居里夫人一生只发表了7篇文章,却两次获得诺贝尔奖.现在晋升副教授职称,都要求在一定年限内,在一定级别杂志上发表一定数量的文章,还要求有什么奖之类的,在这样的软环境里,按照居里夫人一生中发表文章的数量计算,岂不只能当个老讲师.

清华大学是我国著名的高等学府,1952年,全国高校进行院系调整,在调整中清华大学变成了工科大学.直到改革开放后,清华大学才开始恢复理科并重建文科.我国各层领导开始认识到世界一流大学均以知识创新为本,并立足于综合、研究和开放,从而开始重视发展文理科.11年前,清华人立志要奠定世界一流大学的基础,为此而成立清华高等研究中心.经周光召院士推荐,并征得杨振宁先生同意,聘请美国纽约州立大学石溪分校聂华桐教授出任高等中心主任.5年后接受上海《科学》杂志编辑采访,面对清华大学软环境建设和我国人才环境的现状,聂华桐先生明确指出:②

"中国现在推动基础学科的一些办法,我的感觉是失之于心太

---

① 王德仁等,杨福家院士"一吐为快——中国教育5问",扬子晚报,2001年10月11日A8版.
② 刘冬梅,营造有利于基础科技人才成长的环境——访清华大学高等研究中心主任聂华桐,科学,Vol.154,No.5,2002年.

急.出一流成果,靠的是人,不是百年树人吗?培养一流科技人才,即使不需百年,却也绝不是短短几年就能完成的.现行的一些奖励、评审办法急功近利,凑篇数和追指标的风气,绝不是真心献身科学者之福,也不是达到一流境界的灵方.一个作家,您能说他发表成百上千篇作品,就能称得上是伟大文学家了吗?画家也是一样,真正的杰出画家也只凭少数有创意的作品奠定他们的地位.文学家、艺术家和科学家都一样,质是关键,而不是量."

"创造有利于学术发展的软环境,这是发展成为一流大学的当务之急."

面对那些急功近利和短平快的不良心态及思潮,前述杨福家院士和聂华桐先生的一番论述,可谓十分切中时弊,也十分切合实际.

大连理工大学出版社能在审时度势的前提下,毅然决定立足于数学文化品格编辑出版《数学科学文化理念传播丛书》,不仅意义重大,而且胆识非凡.特别是大连理工大学出版社的刘新彦和梁锋等不辞辛劳地为丛书的出版而奔忙,实是智慧之举.还有 88 岁高龄的著名数学家徐利治先生依然思维敏捷,不仅大力支持丛书的出版,而且出任丛书主编,并为此而费神思考和指导工作,由此而充分显示徐利治先生在治学模式中的奉献精神和远见卓识.

序言中有些内容取材于"数学科学与现代文明"①一文,但对文字结构做了调整,文字内容做了补充,对文字表达也做了改写.

2008 年 4 月 6 日于南京

---

① 1996 年 10 月,南京航空航天大学校庆期间,名誉校长钱伟长先生应邀出席庆典,理学院名誉院长徐利治先生应邀在理学院讲学,老友朱剑英先生时任校长,他虽为著名的机械电子工程专家,但从小喜爱数学,曾通读《古今数学思想》巨著,而且精通模糊数学,又是将模糊数学应用于多变量生产过程控制的第一人.校庆期间钱伟长先生约请大家通力合作,撰写"数学科学与现代文明"一文,并发表在上海大学主办的《自然杂志》上.当时我们就觉得这个题目分量很重,要写好这个题目并非轻而易举之事.因此,我们(徐利治、朱剑英、朱梧槚)曾多次在一起研讨此事,分头查找相关文献,并列出提纲细节,最后由朱梧槚执笔撰写,并在撰写过程中,不定期会面讨论和修改补充,终于完稿,由徐利治、朱剑英、朱梧槚共同署名,分为(上)、(下)两篇,作为特约专稿送交《自然杂志》编辑部,先后发表在《自然杂志》1997,19(1):5-10 与 1997,19(2):65-71.

代　序

　　世俗的观念,往往认为数学是一门枯燥乏味的学科,似乎和艺术独享的美学方法毫不相干.其实这真是极大的误会.须知,古今中外的杰出数学家和科学家都莫不高度赞赏并应用了数学科学中的美学方法.数学园地处处开放着美丽花朵,它是一片灿烂夺目的花果园,这片花果园正是按照美的追求开垦出来的.

　　本书是专门探讨"数学中的美学方法"的著作.两位好学、沉思的作者,采集和分析了大量文献资料,旁征博引,用明快流畅的文笔,合作写成了这本雅俗共赏的作品,读起来确有一种愉快的感受,因此我愿为此书代做一短序.

　　这本书采用历史唯物论观点,阐述了数学美概念的发展过程、数学美的分类和特征以及数学美的地位与作用,还讨论了数学审美教育等专题.这些题材对培养高水准的数学师资和具有创造才能的数学工作者,乃至广大读者,无疑是富有启发性和指导意义的.相信大家都能从这本读物中获得应有的启示和教益.

　　还需要指出的是,由于数学中美学方法的研究,毕竟属于科学美学方法的一个新兴分支,许多理论尚未完全成熟,需要有一个发展阶段,所以本书中的一系列论点,未必都是定论.因此,希望广大读者能将此书作为探讨数学美的起点,伴随学习的整个过程.

徐利治

目　录

一 美学与数学美的概念

　　数学中是否包含有美的因素？数学的发展是否受美学方法的指导？对此,我们的回答是肯定的.例如,古代的哲学家、数学家普洛克拉斯(Proclus)就断言:"哪里有数,哪里就有美."1811年,数学家高斯(Gauss)在指出制定复分析和函数论这种理论有其自身的必要性时,就说过:"这里的关键不在于实际用处,对我说来,分析倒是一门独立的学科,如果歧视那些虚构的量,分析就会失去大量的美与灵活."这说明,数学中美的因素,历来就为数学家所重视.

　　数学家们关于数学与美的论述更是不胜枚举.例如,最伟大的法国数学家、物理学家之一庞加莱(Poincaré)就曾写道:"数学家们非常重视他们的方法和理论是否优美,这并非华而不实的作风,那么,到底是什么使我们感到一个解答、一个证明优美呢？那就是各个部分之间的和谐、对称、恰到好处的平衡.一句话,那就是井然有序、统一协调,从而使我们对整体以及细节都能有清楚的认识和理解,这正是产生伟大成果的地方."他又说:"能够作出数学发现的人,是具有感受数学中的秩序、和谐、对称、整齐和神秘美等能力的人,而且只限于这种人."著名数学家冯·诺依曼(von Neumann)也曾说过:"归结到关键的论点:我认为数学家无论是选择题材还是判断成功的标准主要都是美学的."他又说:"数学家成功与否和他的努力是否值得的主观标准,是非常自足的、美学的、不受(或近乎不受)经验的影响."这些论述都道出了"美学方法的考虑"与"理论的富有成果性"之间的关系.因此,美学方法的考虑是决定数学发展的一个重要因素,从而就有必要对此进行深入的分析和研究.

另一方面,庞加莱又告诉我们:"一个名副其实的科学家,尤其是数学家,他在他的工作中体验到和艺术家一样的印象,他的乐趣和艺术家的乐趣具有相同的性质,是同样伟大的东西."波莱尔(Borel)在1981—1982年的讲演时也指出:"数学在很大程度上是一门艺术,它的发展总是起源于美学准则,受其指导、据以评价的."这就明确地指出这种"伟大的东西"就是与艺术美可以相提并论的科学(数学)美.无独有偶,周义澄同志1981年在复旦大学学报社科版第3期发表的《论科学美》一文,也提出了美的形态中有一种与"艺术美""自然美"并列的"科学美"的观点,从而揭开了国内"科学美""理性美"问题讨论的序幕.纵观国内外的情况,我们可以得出这样的结论:现在已经到了揭开科学(数学)美的特点、本质、分类以及它们与其他美的关系等问题的时候了.为此,我们首先要搞清楚什么是美学.

1.1 美学的概念

什么是美学呢? 迄今为止,并无公认的定义.有的认为"美学是研究感性知识的科学";有的认为美学是"艺术的哲学";有的认为"美学是研究美的科学";也有的认为"美学是研究人对现实的审美关系的科学",等等.众说不一,各有道理.那么,究竟什么样的认识是正确的、科学的呢? 我们认为要全面、正确地回答这个问题,就应首先弄清楚美学是怎样形成的? 美学的研究对象、范围是什么?

1. 美学的形成与发展

美学是一门古老的科学.首先,从人类朦胧的审美观念、审美意识的形成以及对美的追求来看,可以说,随着人类的出现之后就出现了,它几乎与人类自身一样古老.在漫长的生产实践中,人类最终摆脱了动物状态,开始了对美的追求,懂得装饰自己,娱乐自己,就出现了原始艺术,人类朦胧的审美观念、人类最早的审美意识也随之形成.这种观念、意识与对美的追求比较集中地体现在古代原始的舞蹈、绘画、诗歌、神话传说之中.这是被考古学家和人类学家的大量发现与研究成果所证实了的.

再者,人们对美的探索、对美的研究,亦早在遥远的古代就开始了.无论东方还是西方均可以追溯到两千多年前的奴隶社会中去.就我国而言,对美的本质的探讨、研究早在春秋战国时就开始了.《国语·楚语上》记载着我国美学史上第一个给美下定义的是春秋时的楚国人伍举.他说:"夫美也者,上下,内外,小大,远近皆无害焉,故曰美."在伍举看来,美就是对上下、左右、大小、远近的人都是无害的,或者说有益于人的,才能算是美.伍举的"无害为美"的观点,实质上就是说美就是善,其核心是和谐.

我国伟大的思想家、教育家孔子,集春秋时期美学思想之大成,系统化了以和谐为美的儒家美学思想,他强调艺术品的美必须像《韶》乐一样,应当是"尽善"的内容与"尽美"的形式的和谐统一.君子必须"文质彬彬",做到"文"(礼乐)与"质"(道德)的和谐统一.只有这样才会美.尤其是他认为《武》乐"尽美矣,未尽善也."两千多年前,就能提出这种"美""善"不同的观点,确实是难能可贵的.

孟子除了提出著名的"充实而谓美"的思想,对美的内涵作了更深入的探讨外,还对共同美的问题作了形象而精粹的表述.他在《告子》上篇说道:"口之于味也,有同嗜焉;耳之于声也,有同听焉;目之于色也,有同美焉."从而,肯定了美感的共同性与普遍性.

荀子不仅提出了与孟子观点不同的"不全不粹之不足以为美"的观点,而且涉及美感的差异性问题.他在《正名》篇里提出"心忧恐,则口衔刍豢而不知其味,耳听钟鼓而不知其声,目视黼黻而不知其状,轻暖平簟而体不知其安"的见解.

我国是这样,国外也是如此.早在两千多年前,许多思想家就开始对美作哲学的思考.在古希腊,毕达哥拉斯(Pythagoras)学派认为,美表现于数学比例上的对称与和谐.其根源在于"整个天体就是一种和谐和一种数".赫拉克利特(Herakleitos)认为美是和谐,其根源在于事物内部对立面的斗争.苏格拉底(Socrates)认为美与善是一致的.这种美善同一都是出于功用的观点.柏拉图(Plato)认为美是永恒的理念,事物只要"分有"了"理式"就会显得美.亚里士多德(Aristotle)则认为美的主要形式是"整一".古罗马的贺拉斯(Quintus Horatius Flaccus)继承了古希腊美的"和谐"说和"有机整体"说,提出了"合式"说,认为合式是美的本质,也是艺术的最高美学标准.普洛丁(Plotinus)——古罗马时期希腊唯心主义哲学家,宗教神秘主义美学始祖——把柏拉图的"理式"论与源于埃及、波斯一带的神秘主义哲学结合在一起,创立了"新柏拉图主义".普洛丁的美学思想的全部意图就是要证明物质世界的美不在物质本身而在反映神的光辉.

可见,不论是东方还是西方,无论是中国的先秦诸子还是古希腊、古罗马的哲学家,对美学的探讨都是源远流长的,积累的美学思想遗产也是极为丰富的.因此,美学完全可以说是一门古老的科学.但是,古代人们对美的思考、探索、研究,都是从哲学、数学、伦理学、神学和文学艺术欣赏角度出发的.所以,在18世纪以前,西方对美的研讨,总是以哲学、神学、文艺学的附庸的面目出现.研究美学的人,多是哲学家、神学家和文艺理论家,他们的美学思想总是交织在他们的哲学思想、神学思想、文艺思想之中,成为哲学、神学、文艺思想的有机部分,因而美学还不是一门独立的科学.

美学作为一门独立的科学出现是在18世纪中叶.随着资本主义生产的迅速发展,以及哲学、心理学、生理学、文艺学的进一步发展,西方美学的发展出现了高峰,进入了德国古典美学的时代,从此美学便成为一门新兴的、独立的科学.1750年,德国启蒙运动时期的美学家鲍姆嘉通(Baumgarten)正式出版了他的《美学》专著第一卷,标志着这门新兴学科的诞生.尽管当时这位被誉为"美学之父"的鲍姆嘉通所理解的"美学"并不是我们今天所理解的"美学"的涵义,但由于鲍氏的倡导与努力,美学这门新兴学科终于逐步走上了独立发展的道路,所以鲍姆嘉通在美学发展史上的贡献是应充分肯定的.

德国古典哲学的大师康德(Kant)、费希特(Fichte)、黑格尔(Hegel)、谢林(Schelling),同时也是著名的美学家.他们都沿着鲍姆嘉通开辟的道路从哲学的角度来考虑美学问题,在他们一系列的哲学著作中阐发了许多重要的美学观点,从而把美学的研究推向了新的发展阶段,美学也就成为19世纪西方哲学家们热衷研究的课题.19世纪中叶,马克思主义哲学体系的诞生,为美学提供了辩证唯物主义和历史唯物主义哲学基础.以辩证唯物主义和历史唯物主义的原理、方法,研究美的存在、美的感受、美的创造活动一般规律的美学理论,是马克思主义科学体系的一个重要组成部分,成为美学史上最新的历史阶段.

2. 美学研究的对象与范围

在中国,有的人认为美学应是"关于美的科学".美学既要研究美的存在诸规律,又要研究美感经验和美的观念的形成及发展诸规律,如洪毅然、华岗、陆一帆等就是如此.有的人认为美学就是"艺术观",是关于艺术的一般理论,如马奇等.第三种观点认为美学最基本的对象是客观现实事物的美,如蔡仪等.第四种观点认为美学研究的中心对象或主要对象应当是艺术,如朱光潜、蒋孔阳等.第五种观点认为美学是以美感经验为中心研究美和艺术的学科,如李泽厚、周来祥、高尔太等.在西方,有的人从哲学的角度研究美学,认为美学是"美的哲学",美学研究的对象便是美的一般规律,如柏拉图、鲍姆嘉通、康德就是如此.有的人则从艺术的角度考虑美学,认为美学是艺术哲学,它研究的对象是艺术,如亚里士多德、黑格尔、莱辛(Lessing)等.黑格尔就公开声称:"我们的这门科学的正当名称却是'艺术哲学',或更确切一点,'美的艺术的哲学'."另一种来自苏联的说法,认为美学是研究人对现实的审美关系的科学,这种说法在中国常被采用.此外,还有美学是表现理论,如克罗齐(Croce)认为,美学是原批评学,美学是有关审美经验的价值论等等.上述分歧状况,反映出美学这门科学仍处于形成和不断发展阶段;它所研究的各种问题的内在联系,它与其他科学的联系和区别还没有充分揭示出来.但另一方面,从这些不同认识与主要分歧中,又可以看到各种见解都有其合理的、可取的一面,也有其实褊狭的一面.除了个别观点外,大多数观点在美学研究的总体范围上,已基本趋于一致,即认为美学研究对象和范围应包括:审美客体、审美主体和艺术三大部分.

要弄清楚美学研究的对象,首先要搞清楚哪些事物可以作为人们的审美对象.我们认为,从山水花草等自然景物到人类的社会生活,从精美的工艺雕塑到文学创作、科学论著,都可以成为人们审美的客体.美学不仅要研究这些审美对象即审美的客体,同时也要研究审美的主体,即审美者自身.一言以蔽之,美学就是要研究这种由审美客体和审美主体所构成的审美关系,也就是我们平时所讲的人对现实的审美关系.

怎样理解人对现实的审美关系呢?人类要生存、发展,就必须进行各种各样的实践活动,人类的全部活动,都可以说是和现实发生关系的活动.客观现实是复杂丰富的,具有多方面的属性.同样作为主体的人的需要也是多种多样的.现实客体的多方面的属性和主体的多种需要分别相适应则形成人对现实的种种物质关系与精神关系,诸如实用关系、政治关系、经济关系、伦理关系、审美关系等.

人对现实的审美关系是人对现实诸多关系的一种,它是人们从审美角度认识世界、把握世界的一种特殊方式.其主要特点是:

(1)人对现实的审美关系是一种客观的社会关系,为人所特有,满足人的精神生活需要,能够提高、发展、丰富人的精神.

(2)人对现实的审美关系所涉及的范围极其广泛,几乎人们在生活中感兴趣的事物都包含着人对现实的审美关系的方面.

(3)人对现实的审美关系不仅仅使人在掌握这种关系时能够认识现实,同时能够自我认识,自我享受.

(4)人对现实的审美关系,包括审美客体(即审美对象)与审美主体(即审美者)两个方面.

鉴于上述认识,具体地说,我们认为美学研究的对象与范围,可归纳为如下三个方面:

(1)美的存在.包括美的本质、美的存在类型和形态以及彼此之间的关系.

(2)美的感受.包括人类美感的产生、发展,美感的性质、特征,美与美感的关系.

(3)美的创造.包括自然美的创造、社会美的创造、艺术美的创造、科学(数学)美的创造,审美教育.

1.2 美学的诸流派

美学研究中的分歧,不同美学流派形成的主要原因之一,在于对美的本质的不同理解.因此,美的本质是什么? 这是美学理论的基本问题,也是解决其他美学问题的前提,更是探讨美学诸流派的基础.

要说明"美是什么",即从一切美的事物中抽出带有普遍性的本质,下一个总的美的定义,这就需要作出高度思辨性的哲学概括.历史的探讨延续了两千多年,众说纷纭,至今仍未获得为人公认的满意结论.

在西方,早在古希腊时代,毕达哥拉斯学派提出"美是和谐"说,认为美的本质在于数量比例上的对称与和谐.柏拉图提出"美是理念"说,认为在永恒不变的理念世界中存在着最高最真实的美的理念,即美的本质是理念.亚里士多德则另辟蹊径,提出"美是形式"说,认为美在于感性事物形式的和谐、有秩序和适中.美的本质是善,善构成美,美又复归于善.古罗马时代的哲学家普洛丁提出"美是完善"说,认为美的事物之所以美是因为它内外形状和结构符合上帝创世时为它安排的特定目的,达到了统一和完善.法国18世纪启蒙运动时代的美学家狄德罗(Diderot)提出"美是关系"说的著名论断.他说:"就哲学观点来说,一切能在我们心里引起对关系的知觉的就是美的."英国18世纪经验主义美学家休谟(Hume)提出"美是愉快"说.他说:"……快感和痛感不只是美与丑的必有随从,而且也是形成美与丑的真正本质."德国古典美学的奠基人康德提出"美是对象合目的性的形式"的美的本质观.德国古典唯心主义哲学、美学大师黑格尔提出著名的"美是理念的感性显现"的美的定义,强调了理性与感性、形式与内容、主观与客观的辩证统一思想.19世纪俄国杰出的革命民主主义美学家车尔尼雪夫斯基(Чернышевский)给美下了著名的定义:"美是生活."认为"任何东西,凡是显示出生活或使我们想起生活的,那就是美的.""生活"就是美的本质.近代资产阶级学者叔本华(Schopenhauer)却用"意志"来解释美的本质,认为"美是意志的暂时休歇."精神分析学派创始人弗洛伊德(Freud)提出"欲望升华"说,认为"美这一概念植根于性的冲动之中""美是潜意识本能和性欲望的表现"的"升华".

在中国,情况也如此.儒家美学创始人孔丘提出"里仁为美"说.孟轲从他的性善论与仁政思想出发,提出了"充实之谓美"的观点.道家美学思想的奠基人老聃,从他的"无为而无不为"哲学原则出发,提出"美之为美"论,认为美与丑之间无本质差别.庄周则由老子的客观唯心主义和朴素辩证思想出发,提出"道之自然无为为美"的观点,将老子的美丑无差别论,恶性发展成美丑齐一论.墨翟一方面从唯物主义哲学出发,承认美的客观实在性,另一方面又以他的狭隘感觉论和"以名举实"论为哲学基础,提出一种狭隘的极端功利主义美学观.近代我国美学史上的泰斗王国维,却坚持"一切之美皆形式之美也"的观点.

从以上简略的介绍来看,对于美的本质的认识,可以说是各执一词,很不一致.但是从探讨美的本质根源的基本途径而言,大致可以归纳成三大途径:一是从客观事物中寻找美的本质根源,如墨翟、亚里士多德、狄德罗、车尔尼雪夫斯基、王国维等;二是从主观方面、精神方面来探讨美的本质根源,如孔丘、孟轲、普洛丁、休谟、叔本华等;三是从主观和客观之间的关系方面探求美的本质根源,如老聃、庄周、康德、黑格尔等.所以古典美学关于美的本质的说法,虽然众多,但就其实质来说,只有三派:美在客观说、美在主观说、美在主客观统一说.这三派对我国当代美学均有所影响.

关于美的本质问题一直是美学界长期探讨的一个十分复杂的理论问题.几千年来,许多哲学家、美学家们,几乎穷尽毕生精力想揭开美的本质之谜.结果,除了为我们留下了大量的、宝贵的,然而又是观点各异,甚至是相互否定的定义之外,美的本质一直是个谜.就连古希腊唯心主义哲学大师柏拉图在考查否定了当时流行的关于美的本质的定义之后,却发出了著名的"美是难的"慨叹!18世纪德国著名哲学家、自然科学家莱布尼兹(Leibniz),在谈到艺术作品的审美趣味时说美,"我说不出来是什么".然而马克思在《1844年经济学哲学手稿》中关于美的论述,给我们最大的启示是用实践的观点来研讨、揭示美的奥秘.这是打开整个美学迷宫、揭示美的本质的金钥匙.所以,美是生产实践的产物,它体现了人在本质上不同于动物的能动创造.从这个意义上说,美是人的本质力量的对象化,但这一规定仅是从美产生的根源上揭示了美的外部层次,还不宜说它就是美的本质、美的定义.因为"人的本质和活动是多种多样的",人的本质力量的对象化也是多种多样的,所以要探讨美的本质、美的定义,还必须加以具体阐述.

正由于美的本质是什么的问题至今尚未完全解决,因而必然会出现各种不同美学的研究派别、各种不同的学术见解,这是不足为奇的.

中国古典美学有四大流派.在西方,古典美学有八大流派.在当代,西方美学更是流派迭出,纷繁复杂,人物众多,著述如山.要对西方当代美学流派进行划分,确定当代美学家流派归属、各派学说要旨等等,史学家说法各有千秋,天下文章各执一词.尽管美学有千家百流,归根结底只有两家:唯心主义美学、唯物主义美学.

唯心主义美学,否认现实生活美学特性的客观性质,认为绝对精神或人的审美意识是美的本质,是第一性的存在,客观现实的美是第二性的存在.不是客观存在的美决定人的审美意识,而且美依赖于人的审美意识,被人的美感所决定.

唯物主义美学,认为现实生活的美学属性是第一性的客观存在,它不依赖于人的主观审美意识而独立存在于客观事物本身之中.人的审美感、审美意识是对象的美学属性的反映,是第二性的.

马克思主义美学,不是美学史上众多派别中的一个派别,而是它以前的全部美学发展的一个必然和合理的总结.

马克思、恩格斯批判地继承了资产阶级古典哲学和古典政治经济学遗产,在创立新的唯物史观过程中,涉及一系列重大美学问题(如美的本质和规律、艺术本质、审美和艺术活动的社会历史根源等),深刻批判了旧美学中唯心主义和形而上学观点,继承和发展了其中的合理内核,使美学建立在辩证唯物主义和历史唯物主义的科学基础上.这是马克思主义科学体系的一个重要组成部分.马克思主义美学是个永远没有终止的、运动的结构.

1.3 科学美的概念

虽然在美的研究对象以及美的本质上始终存在着不同的学派之争,但是,有一点似乎已趋于一致,即人们大多认为自然美、社会美和艺术美是美的基本内容,是三种基本的美.然而在人类实践活动中还有一种美尚未引起人们更多重视,这就是科学美.那么,科学美是否存在呢?什么是科学美的本质属性呢?科学美的重要标志是什么呢?

1. 科学美的存在性

科学美的萌芽思想源远流长,最早而又最为明显地点燃起"科学美"的探索火炬的,要算古希腊的毕达哥拉斯学派了.他们认为美的研究对象不仅有艺术,而且包括整个自然界.他们确信数与和谐支配着一切自然规律,并把这个原理应用于天文学研究,从而形成所谓"天体音乐"或"宇宙和谐"的概念,认为行星在遵循轨道运动中,也产生一种和谐的音乐.在我国,古代道家学派庄周曾有"天地大美而不言,四时不明法而不议,万物有成理而不说.圣人者,原天地之美而达万物之理"(《庄子·知北游》)的见解.

促使哥白尼(Copernicus)这位宇宙学的开拓者与"地心说"决裂,其重要动机就是他对太阳系行星运动和谐的追求.强烈的美感冲动,激励他在极端困难的条件下矢志不移、苦心孤诣三十年如一日,终于写出了划时代的科学巨著《天体运行论》,推翻了荒诞不经的"地心说".恩格斯高度评价了《天体运行论》,称它为"自然科学的独立宣言".

哥白尼"日心说"的虔诚信徒开普勒(Kepler)继承了毕达哥拉斯学派的传统,借助"和谐"之美探讨天体运行规律,在大量观测数据的基础上,通过一阕比巴哈还要早的乐曲与天体运行的对比,寻找行星运动的"音乐",进而发现了著名的行星运动第三定律.他把论述第三定律的著作起名为《宇宙的和谐》.在此书中他热情欢呼道:"感谢我主上帝,我们的创造者,您让我在您的作品中看见了美."

英国著名的物理学家法拉第(Faraday)一生有着许多美妙而新奇的思想,强烈的美感贯穿着他整个科学生涯.他基于对物质世界存在着统一、对称、新奇的深信不疑,在奥斯特(Oersted)发现电流磁效应的启示下,萌发了一个坚定信念:电与磁的转换应当具有对称性.经过11年的系统探索法拉第终于作出了划时代的发现,建立了电磁感应定律.为此他高兴地说:"磁力转换的法则简单而又美丽."无怪人们称赞法拉第的思想是洋溢着和谐统一,充满着绝妙新奇和浸透了对称美的一部诗集.

现代推崇"科学美"的大师要首推德国物理学家爱因斯坦(Einstein),他多次论述过科学美的问题,并称之为"思想领域最高的音乐神韵""一种壮丽的感觉".可以说爱因斯坦是一位具有卓越美学素养的科学大革新家.他一生陶醉在自然界神秘而美妙的音乐中,他坚信世界具有和谐性,曾风趣地说:"这个世界可以由音乐的音符组成,也可以由数学的公式组成."他创造性地运用美学的对称性,提出了具有革命意义的狭义相对论;他独创性的"逻辑简单性"原则,是一种使人愉悦的科学美的体现,无疑对他创立深邃缜密的相对论和高难度的统一场论都起了举足轻重的作用.他发现的广义相对论曾被外尔

（Weyl）说成是抽象思维力的一个极端非凡的例子；而兰道（Landau）认为这个理论很可能是现有一切物理理论中最美的了．爱因斯坦的一生是追求科学美的典范，人们称赞他的科学成就是物理学的直觉和数学技巧及科学美最令人赞叹的结合．

量子物理学家海森堡（Heisenberg）也曾说："美对于发现真理的重要意义在一切时代都得到承认和重视。""探索者最初是借助于这种光辉，借助于它的照耀来认识真理的。"其次，理论物理学家狄拉克（Dirac）、杨振宁、生物学家莫诺（Monod）、科学史家库恩（Kuhn）、科学哲学家波兰尼等科学界著名人物对科学美都有过深刻研究和精辟论述．我国著名教育家蔡元培、著名物理学家钱学森、著名数学家徐利治等对科学美也发表过独到见解．

上述历史情况足以说明，科学美并非是对美的概念的滥用，而是为许多学者，特别是对科学美有深切感受的自然科学家，反复探讨、论证过的美学命题．

正如姚敏同志在《试论科学美的实在性》一文中指出的那样，我们还可以从"创造心理学"的角度出发，从理论上，对科学美的存在性加以论证．如所知，心理学家把人的感情分成低级与高级两种，又将高级感情分为美感、道德感和理智感三类，并指出其相应的愉快为审美愉快、道德愉快和理智愉快．从科学史方面看，科学家在科学研究过程中所产生的愉快可以归结为三种情况：一是爱因斯坦所说的那种"超乎常人的智力上的快感"和"雄心壮志的满足"。这是一种因智力的吸引和智力上的满足而引起的兴奋情绪的理智愉快．二是自然界的规律在科学家面前展示出几乎令人震惊的简单性、完整性和秩序性的关系时，科学家所感受到的新奇和狂喜的愉快．三是灵感突发时引起的冲动性兴奋．灵感表现为人们对长期探索而未能解决的问题的一种突然性"顿悟"，也就是对问题百思不得其解时的一种"茅塞顿开"。这是一种如阿基米德（Archimedes）突然获得解决皇冠是否掺银问题的方法时兴奋得大叫"我想出来了"式的愉快，不妨称为 Eureka（我想出来了）式愉快．

第一种愉快，明显地表现出非审美愉快的性质与特征．而第二种"新奇式"愉快和第三种 Eureka 式愉快是怎样的呢？那种由于自然界的规律在科学家面前展示出几乎令人震惊的简单性、完整性和秩序性的关系时,科学家所感受的新奇式愉快,正是科学家感受到自然界的和谐、宇宙的美时所产生的愉快,它应该是纯然的愉快.至于第三种由灵感突发而引起的愉快,我们要加以重点讨论.固然,科学上的灵感和艺术上的灵感所产生的信息质量有所不同,产生灵感前的心理状态也有颇大的差别,以致我们不得不将它们分为理性灵感和诗意灵感.然而,它们确有共同的特征:(1)它们常常都是在外界某个与所思考问题无明显关系的信息刺激下形成的,使长期思考的问题茅塞顿开;(2)它们都是非形式逻辑思考方式,是思维过程的飞跃;(3)它们产生前都存在着一个未被清楚地意识到的"无意识过程"(下意识性).因此它们常常都出现在人的意识活动的边缘.故此,它们可能都是在大脑长久地有意识地自觉地工作后,在一个无意识活动过程中,由于一个"无关"的信息的刺激,在大脑中原先没有联系的贮存了不同信息的神经元群发生突然联系,在纷乱中找出秩序,在复杂中现出简洁.

美学家已经公认艺术灵感有一个审美过程,往往产生于无意识活动阶段.例如,中国宋代大文豪欧阳修谈到过所谓"三上文章"的经验,他的一些文学作品的构思往往产生于厕上、马上和枕上.这就是说,正是在厕上、马上或枕上的时候,特别有利于欧阳修的文学思维进入下意识阶段,从而能产生出美妙的文思或诗意灵感.那么怎样断言与艺术灵感具有共同特征的科学灵感就不存在一个审美过程呢?不能创造出具有科学美的科学理论呢?

2. 科学美的本质属性

科学美与其他诸种美一样有其自身的属性.

第一,科学美的社会性.科学美的社会性有两层涵义.马克思说,美是"人的本质力量的对象化",正像一位文学家在他的作品中,看到他自身的本质力量一样,一位科学家在他的理论创造成果中,同样可以感到自身本质的外化.这就是说,科学理论打着人的本质力量的印记,是人类高度创造性思维的成果.因此,所谓"对象化",实质上就是社会化,即科学美是社会属性,而不是一种自然现象.

科学理论是人类创造的产物,没有人,没有人的创造性认识和实践活动,就没有科学美.人类的社会实践是人与现实世界、人与物之间的中介物.离开了这个中介物便没有"对象化""人化"可言.因此,自然科学理论,既有源于自然的"发现"意义,又有高于自然的"创造"意义.即科学美是人类社会实践的产物,而不是源于自然物的固有属性.这是第一层涵义.

科学理论是一个需要很长时间、很多科学家才能创造出其完美的宏大的体系.某种科学理论反映着一定时代中人类的知识水平和实践水平,凝聚着人们的主观能动性.因此,科学美的内容,也随着人类社会的进步、科学的进步,不断丰富,不断引申到新的意境.所以科学美是一种社会共有的普遍现象,而不是少数人私有的个别现象.这是第二层涵义.

第二,科学美的客观性.如前所述,我们足以看出科学美的社会性是客观存在的.我们认为社会化的内容只是构成科学美的内容方面的因素,它必须通过作为构成科学美的形式因素的物质属性,才能显现出来.科学美的形式之所以是物质的,是因为它是由一定的物质因素构成的.一是科学美的形式反映了物质运动所形成的有规律的东西.如物质世界由无数层次构成.每个层次组成了一个相对独立的、有自己特点和规律的子世界,它们彼此之间互相联系,形成物质世界由简单到复杂,从低级到高级发展的阶梯.任一层次的物质,对其下一个层次而言,它是复杂的,但对其上一个层次而言,它又是简单的.可见任何层次复杂的现象,都有其简单的背景与深远(伟大)的前程.物质世界的层次性和发展性规律,反映到自然科学理论的形态中,就显示出简单与深远的科学美的规范.二是一些科学美的范畴是客观事物自然属性抽象的结果.如笛卡尔(Descartes)的解析几何建立了代数方程式与几何图形之间的对称;狄拉克预言的正电子,与通常所说带负电荷的电子是对称的;凯库勒(Kekule)的苯经典价键结构式也是对称的,它们都显示了一种对称的科学美.其实它们都是在某些客观事物对称属性的启迪下抽象的结果.所以科学美既具有社会性,又具有物质属性,它是社会属性与物质属性的有机统一,这就是科学美的本质.

由此可知,科学美的客观性,既体现在它的社会性方面,也体现在它的物质性方面,无论是它的社会性还是它的物质性都是客观存在的.难怪爱因斯坦认为:"要是不相信我们的理论构造能够掌握客观实在,要是不相信我们世界的内在和谐,那就不可能有科学."基于对科学美的本质的这种认识以及对科学美的内容、形式的分析,我们可以综合起来给科学美下一个简明的定义:科学美是一种与真、善相联系的,人的本质力量以宜人的形式在科学理论上的显现.

3.科学美的分类与重要标志

科学美的表现形态有两个层次,即外在层次与内在层次.按这两个层次我们可以把科学美分为实验美与理论美(或称内在美、逻辑美).实验美主要体现在实验本身结果的优美和实验中所使用的方法的精湛.如著名的"迈克尔逊-莫雷(Michelson-Morley)实验"就是实验美的典型体现.理论美主要体现在科学创造中借助想象、联想、顿悟,通过非逻辑的直觉途径所提出的崭新科学假说,经过优美的假设、实验和逻辑推理而得到的简洁明确的证明以及一些新奇的发现或发明上.如太阳中心说、近代原子论、细胞学说、遗传密码学说、居里(Curie)夫妇眼中的放射元素铀、门捷列夫(Менделéев)笔下的元素周期表,都是理论美的真实写照.

理论美的范畴有三:

(1)和谐

自然规律的和谐、统一与有序,常常使科学家们感到惊奇与狂喜.而科学家创造出来的理论系统与科学思想所表现的和谐与统一之美,又使更多的人感受到愉悦.在焦耳(Joule)、迈尔(Mayer)对热与功的统一之中,在 $E=mc^2$ 所表示的质与能的统一中,在广义相对论的引力、空间、物质的统一中,我们都会感到一种和谐的满足.

(2)简单

海森堡与爱因斯坦都认为简单性不只是思维的结果,而是自然规律的客观特征.难怪罗森在评价爱翁时指出:"在构造一种理论时,他采取的方法与艺术家所用的方法具有某种共同性,他的目的在于求得简单和美(而对他来说,美在本质上终究是简单性)."开普勒第三定律 $T^2=D^3$ 给人一种简洁的快感.牛顿(Newton)万有引力定律 $F=G\dfrac{m_1 m_2}{r^2}$ 这一简洁公式揭示了天上、地下数不清的和引力有关的运动,使人感到清晰透彻,心旷神怡.

（3）新奇

现代实验科学的始祖培根（Bacon）指出：凡属突发的美无不在其匀称方面有某种独特之处！这里的独特之处，具有“达到特别使人意外和吃惊的程度”的含意．这就是说，没有一个极美的东西不是在匀称中有着某种奇异．广义相对论的情形提供了一个好例子，因为几乎任何人都同意它是一个美的理论．它把原来认为完全无关的基本概念联系起来，相提并论：一方面是时间与空间的特性；另一方面是物质和运动速度的概念．其匀称方面最为独特之处就在于从根本上改变了人们的时空观：空间不再是大量的聚在一起的点，而是大量的互相连接的距离．然而，这并不是说，只有在杰出的思想之中，或是伟人们，才能感受到奇异美，而是对我们每个人来说都是可及的：雅可比（Jacobi）的《动力学教程》、玻尔兹曼（Boltzmann）的《气体理论讲义》、绍麦费尔的《原子结构与光谱》以及薛定谔（Schrodinger）在他晚年写的各种杰作，永恒的光辉透过物质现象，在这些书中筑成了奇异的彩虹．总之，所谓科学美，通常以科学理论的和谐、简单、新奇为其重要标志．

1.4　数学美的概念

数学美隶属于科学美，所以具有科学美的属性与特点．但由于数学与一般自然科学相比，在抽象性的程度、逻辑的严谨性、应用的广泛性上，都远远超过了一般自然科学．所以，数学美又具有其自身的特征．这些将在下面几章深入阐述．在这里我们首先要明确：数学美的本原是什么？数学美与其他美的关系是怎样的？为什么数学美至今未获美学科学的承认？

1. 数学美的本原

究竟什么是数学美呢？我们可以类似于科学美那样给数学美下个定义：数学美是一种人的本质力量通过宜人的数学思维结构的呈现．马克思在《1844 年经济学哲学手稿》中关于美的论述，启迪了我们要用实践的观点来研讨、揭示数学美的奥秘．马克思在《手稿》中强调的“自然的人化”“人的本质对象化”，像是一枚古钱的两面，它们所说的是一回事．这里主体（人）与客体（物）已经在长久相处中，客观地形成了一个不可分割的辩证统一体．人是自然界的一部分，自然界是人的无机的身体. 于是,对社会的人而言,已知的自然界万物无不具有人化的性质. 而这正是人类自己通过各种实践活动与它们建立了人的关系之结果.

自然界的人化或人的本质对象化主要是通过生产劳动的途径来实现的,所以,马克思说:"通过这种生产,自然才表现为他的作品和他的现实."但也不限于此,人对自然的实践关系还应把征服与占有、认识与发现、支配与使用、密切共处、艺术创造、科学发明等多种活动包括在内. 例如,天文学家发现了新的星球,宇航员登上了太空,科学家们发现了宏观、微观世界的各种隐秘,尽管这种发现未必都会改变对象的形态,但在它们那里同样也打上了人的印记,同样也是人类本质力量的胜利. 数学家通过数学实践活动(特别是数学理论创造的实践),使自己的本质力量"对象化"了,或者说"自然人化"了,当然也打上了自身本质的印记. 马克思指出,社会性与自觉的劳动是人的本质,是人之所以为人的根本特征. 就是说,人的本质,不是从抽象的或生物学意义上来考察的. 我们所说的是在一定社会中实践着的人的本质. 因此,所谓"人化",就是人格化,即自然物具有人的本质的印记,实质上就是社会化. 这种社会化的内容正是数学美的内容,它是数学美产生的本原,也是数学美最重要的本质属性之一.

假若我们只承认数学美的社会性,不承认它的物质属性,也不能全面理解数学美的本质. 数学美总得以某种形式呈现出来,它要有附体,这就是它的物质属性. 如果离开这些物质因素,数学美的内容——人的本质力量,则无从体现. 同时,数学美的形式不仅是物质的而且必须是宜人的. 所谓"宜人",就是指构成数学美的形式,必须是人们喜见乐闻的,使人感到舒适、愉快的,因而也必然是与人的生理、心理条件相适宜的,并通过人的第二信号系统——数学语言——与人类建立了某种良性条件反射的. 一言以蔽之,数学美的形式必须与人的认识、人类心灵深处的渴望在本质上相吻合,这就是宜人性. 所以数学美的形式就是指显示人的本质力量积极方面的宜人的物质形式.

2. 数学美与其他美的关系

数学美,作为科学美的一部分,它与自然美、社会美、艺术美,究竟存在着什么关系呢?

自然美体现的是自然界的现象和谐,数学美体现的是自然界的内在和谐.所以,它们都来自自然界本身的和谐统一,自然界是它们的共同源泉.正如庞加莱所比喻的,一个是形体,一个是骨骼.如果没有骨骼作支柱,形体就成了一堆烂泥.同样,如若没有自然界的内在和谐,自然界的现象和谐也是一句空话.自然美具体、鲜明、潇洒,最易显现.任何人对那娴静的月夜、宁静的山谷、银河倒泻似的瀑布、红霞映照的平川,都可以产生美的感觉.数学美抽象、含蓄、严谨,最难感受.要求欣赏者具有一定的数学理论高度作基础,才能从自然界隐蔽的内在和谐豁然开朗的感觉中体会到数学美.

数学美联系最为密切的是"真",社会美联系最为紧密的是"善",这是两种美之间的差别.然而,正如海森堡指出的那样:"在科学中也像在艺术中一样,这种过程也有重要的社会和伦理的方面."因为数学的目标是通过人的社会活动实现的,在实践中,数学美、社会美发生了密切联系,这就是真、善、美的内在统一.

著名美国科学史家库恩说得好:"在艺术中美本身就是创作的目的,而在科学中,它顶多也只是一个工具……只有当它解开了疑点,只有当科学家的美终于与大自然的美相一致时,美才在科学中发生良好作用."因为艺术对美的追求是直接的、袒露的、目的鲜明的,艺术美是通过艺术形象显现生活本质;数学对美的追求则是间接的、含蓄的、有节制性的,数学美是通过逻辑演绎显现自然本质.艺术美要求欣赏者具有一定的艺术素养,而且有时还需要与创作者有同样的心境,才能在"美中见真".数学美要求欣赏者具有一定的数学素养,而且还要求其理论结晶摒弃任何主观情感,才能在"真中见美".具有数学素养的人,一般可以感受艺术美,而具有艺术素养的人不一定能够感受到数学美.所以,就美的显现难易程度来说,数学美较艺术美更高一个层次.但是不论是艺术美还是数学美都是人类高度创造性活动的产物,都打着人的自由本质力量的印记.

3. 数学美未获美学承认之因

为什么数学美一直没有被纳入传统美学的体系?为什么数学美一直没有为历史上美学家所研究?为什么现在还有不少人反对数学美的概念呢?

首先,根据美感在人们头脑中显现的难易程度,我们提出"美的易见度"的概念.自然美最易显现,艺术美较自然美难显现,但比数学美容易感受,因为它们本身就给予人们一种形象.而数学美是最难感受的美.因为数学以抽象的形式反映和谐的自然图像.这种形式是抽象的,所以是一种抽象的美感.从整体观点来看,这种抽象美感不可能从单一的几何定理,或是单一的数学模型中形成,而必须从整个关于某一数学对象的数学理论体系中得到.以具体的形式反映美与美感和以抽象的形式反映美与美感,无疑都可以反映一定的美与美感,我们只能把它们看作是艺术与数学在美学上的特殊性,而不能由此否定某一种的美学意义.但是,这对于一般人来说是十分困难的.数学美的这种难见性就是它一直为大多数人所忽视的重要原因之一.

其次,美是一个丰富的、完整和谐的整体观念,自古希腊流传至今.但是,丰富的、完整和谐的数学理论体系的创立,不但需要长时期、跨世纪的工作,而且这个工作还需要由成千上万的世界各地的数学家来完成.这样,数学美相对于其他形式的美就显得姗姗来迟,这也是数学美被人们忽视的一个重要原因.

再者,只要我们回顾一下历史便知,人们一开始研究美学时也就开始研究数学美了,"哪里有数,哪里就有美"的断言,就是证明.然而,苏格拉底将古希腊的美学思想,由自然科学转向社会科学,从而使数学美被历代美学家们所忽视,也是不无原因的.

我们的时代是美学的一个开拓时代.如今,开拓者的足迹已扩展到自然科学领域,同时,自然科学也向美学渗透.这两支潮流的交汇,使我们预感到,马克思的"自然科学将来会统括人的科学,正如人的科学也会统摄自然科学,二者将会成为一种科学"的预言,即将到来!

二 数学美的产生与发展

对于数学美的感受,对于数学美的追求以及关于数学美的观念等,可以说,随着人类早期数学的出现之后就出现了.这是为考古学家和数学史家的大量发现与研究成果所证明了的.同样,人类对数学美的探索,对数学美的研究,也早在遥远的古代就开始了.数学美的产生与发展的进程,大致经历了朦胧、萌芽、发展三个时期.

2.1 数学美的朦胧时期

数学作为一门有组织的、独立的和理性的学科来说,在公元前600—前300年的古典希腊学者登场前是不存在的.但在更早期的一些古代文明社会中,数学已有了开端和萌芽.我们称公元前600年以前这个时期的数学为早期数学,而在人类的早期数学中,就已经伴随着一种朦胧而神秘之美了.

首先这种美表现在原始人对数字的崇拜上.由于原始人受到识数能力的限制,所以"被神秘气氛包围着的数,差不多是不超过头十个数的范围."因而在头十个自然数中,没有一个不具有神秘的色彩.例如,"一"在整个人类文化中享有崇高的地位.我国古代把"一"称为太极或无极,"二"常常与"一"对立着,"一"是"天数"之首,"二"则是"地数"之首;若"一"是善、秩序、完美、幸福的象征,则"二"就是恶、混乱、缺陷、灾难的本原."三"的神秘美最丰富,中国的黄帝(天神)、常羲(日神)、常仪(月神),印度的梵天(大创造神(Brahma))、守护神(Vishnu)、破坏神(Siva),巴比伦的天神(Anu)、地神(Bel)、死神(Ea)、埃及的日神(Osiris)、月神(Jsis)、死神(Aoros)等等,都说明普遍地存在着"三位一体"神的观念."四"在大多数北美印第安人的心目中的神秘意义超过了其他一切数.例如,在印第安人的史诗中,所有的神都是四个一组地出现的:四个熊神、四个豪猪、四个松鼠、四个身材高大的女神、四个年轻的圣徒、四只闪电鸟等等.这大概与原始人对于东南西北四个方位的神秘思维有关.在这里,"四"成了原始人集体表象中的四个方位与四方的风、四种色彩、四种动物之间互渗的媒介."五"是由人的一只手有五指抽象出来的概念,原始人感到最亲切.例如爪哇土人的一个星期包括五天,他们相信五天的名称与颜色和地平面的划分有神秘的联系.又如在印度人那里"五"的地位异常突出,它时而带来灾难(因为五属于破坏神湿婆 Siva),时而带来幸福(因为它比四多一)."六"是最小的完全数,深受原始人的青睐,他们认为"六"和"二十八"是上帝创造世界时所用的基本数字."六"的神秘性出现在许多人类活动之中,如意大利人把"六"比作维纳斯;有人说:上帝仅创造了六种世间的情谊;有人认为人类的不完美性是因为人只有五种感官:视、听、嗅、味、触,如果第六感官出现时,人才臻于完美等等."七"是个不祥之数,巴比伦人称"七"以及七的倍数十四、二十八这几天是不吉的日子.印度民族对"七"普遍迷信,原因就在于印度神话中,有七个母亲、七大洋、七个利西(Rithi)、七个阿蒂亚(Aditya)和达纳瓦(Danava)、太阳的七匹马等传说."八"隐藏着爱的真谛,启示着财源茂盛,是大吉大利的数字,流传到今天,也是这样,1988 年的 8 月 8 日构成了 88、8、8 四个八,英国结婚者较往年多出数倍."九"在中国看作是完美的数,认为天有"九天",地有"九地",人分"九等",人有"九体""九窍",宗族关系有"九属"."十"代表整个宇宙.

在我国,相传由伏羲、文王所作的《周易》这本古老的书中,就已经有了阴阳奇偶的说法,即奇数为阳,偶数为阴,《易经·系辞上》又提出:"天一,地二;天三,地四;天五,地六……"同时在我国的神话中,又把奇数象征白、昼、热、日、火、天;偶数象征黑、夜、冷、物、水、地.无独有偶,古希腊人也把自然数列分为偶数——"女人的",奇数——"男人的".因为偶数可以分解,从而也是容易消失的、阴性的、属于地上的,所以它代表女人;奇数则是不可分解的、阳性的、属于天上的,代表男人.在这里,东西方文化出现了一个巧妙的吻合:他们都把偶数称为"地上的数",奇数称为"天上的数",这正好无形中证明了人类早期数学中数的概念形成与演化,具有某种普遍的规律性.把数字与人和自然现象联系在一起,其实质说明了数是"人化自然"的结果.

翻开古代四大文明古国:中国、巴比伦、埃及和印度的历史,就可以看到在这些文明古国的早期数学中,呈现出来的一种朦胧而神秘的数学美了.

在中国相传"伏羲制卦,文王系辞",这大约是公元前1182年前后的事了.《周易·系辞上》就提出一种隐约包含数学知识来源于神的说法,原文是:"河出图,洛出书,圣人则(效法)之."意思是说,在伏羲氏时代,从黄河跳出一匹龙马,背着一幅图,这幅图隐含着很多天机,被称为"河图"(图 2-1).根据河图伏羲氏才划出八卦.在夏禹治水时,洛水出现一只大乌龟,也背着一本包含着统治国家道理的书,被称为"洛书",如图 2-2 所示.这书、图是圣人一切知识的源泉.我们撇开神话的色彩,其实河图是把 1,3,5,7,9 五个奇数和 2,4,6,8,10 五个偶数按照水(在北)、火(在南)、

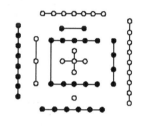

图 2-1　河图

木(在东)、金(在西)、土(在中)五行方位排列而成的数字图,就其构图本身,就显现出齐一美.而洛书只是一个三行纵横图,也就是三阶幻方(图 2-3).

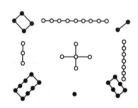

图 2-2　洛书

4	9	2
3	5	7
8	1	6

图 2-3　三阶幻方

图中配置 1 至 9 九个自然数,其中每行每列以及两条对角线上的数之和都等于 15.这些数之间奇偶相异,显示出整齐划一,均衡对称之美,真是妙不可言.《周易》是世界公认的第一本讨论排列的书,也就是我国象数学的起源.阳爻(yáo)"—"和阴爻"— —"这两种爻(爻是卦的基本符号),合称"两仪".每次取两个,共有四种不同的排列法,叫作"四象":

| 太阳 | 少阴 | 少阳 | 太阴 |

每次取 3 个,共有八种不同的排列法,叫作"八卦".

| 乾三连 | 坤六断 | 震仰盂 | 艮覆碗 |
| 离中虚 | 坎中满 | 兑上缺 | 巽下断 |

我们从八卦的外形和它的外形的组合关系来探讨中国象数学的美.人们在美的形式的把握中,向来讲究齐一与反覆的美,讲究对称与均衡的美,讲究对比与比例的美.因为,齐一的东西能诱发人们产生端正、轩敞的感觉.反覆的构形能唤起人们产生跃然壮大的感觉以及无限进取的意趣.对称的展现能增强人们的平静与稳定感.均衡的安排能引起人们产生协调而不偏颇的感觉.对比的手法能开启人们的辨别能力和促进人们鲜明的判然感.比例的运用,能调整人们恰巧与适度的要求.在八卦构形上,乾、坤显示出齐一美;坎、离显示出对称美;震、艮、兑、巽显示出均衡美.如每次取 6 个爻,可得 64 种不同的排列,叫作六十四重卦.我们再从重卦的图像组合中,窥视一番数学美的蛛丝马迹.

展示齐一美的有 1 乾为天与 2 坤为地.

展示反覆美的有 51 震为雷,与 52 艮为山,有 57 巽为风,与 58 兑为泽.

展示对称美的有 27 山雷颐与 28 泽风大过,等等.

展示均衡美的有 3 水雷屯与 4 山水蒙,等等.

展示出对比美的有 11 地天泰与 12 天地否,等等.

展示比例美的有 19 地泽临与 20 风地观,等等.

这里需要提及的是,我国古人在设计重卦的草图时,虽然契合了"排列"的公式,但并不是只靠抽象运算,求出实际的六十四卦的,而是遵循可以体察到的符合逻辑,用草绘的单卦图像一步步组合拼排出七十二重卦体的.为什么偏选定了 64 个呢? 这完全是出自美学因素的作用,主要是要服从形式美的需要.当然卦体绘制者本来并无心刻意求美,但美的信息却随着"排列"的运筹与符号逻辑的构形自然而然地显露出来.终于把六划卦的个数选定为 64,使"两仪"所生的刚好是"四象".从这里,我们看到卦体的美,产生于自然,完成于意匠,受限于数理.这就是我国象数学中初步展示的辩证的美与美的辩证.

在美索不达米亚,考古学家们发现了大约五十万块刻写着文字的黏土书板中,其中约 300 块已被鉴定为载有数字表和一批数学问题的纯数学书板.这使我们对古代文明古国巴比伦的数学知识有所认识.在最古老的书板上都显示了高水平的算术计算能力,表明了他们很早就有了六十进位制.许多算术程序是借助各种各样的表来实现的.在 300 块数学书板中大约有 200 块是表.有乘法表、倒数表、平方表和立方表,甚至还有指数表.这些表都显现出齐一美.例如,倒数表中有:

igi2gàl-bi 30	*igi8gàl-bi* 7,30
igi3gàl-bi 20	*igi9gàl-bi* 6,40
igi4gàl-bi 15	...
igi6gàl-bi 10	*igi27gàl-bi* 2,13,20

这些显然表示 1/2＝30/60,1/3＝20/60 等等.此表使整齐划一、均衡对称之美跃然纸上.更有甚者,普林顿 322 号数学书板(即在哥伦比亚大学普林顿(G. A. Plimpton)收集馆的第 322 号收藏品)是用古代巴比伦字体写的,时间在公元前 1900—前 1600 年.普林顿 322 号包括基本上完整的三列数字,其数表不仅表现出整齐划一、均衡对称之形式美,而且蕴含着一种神秘的内在美,这就是素勾股三数 (a,b,c) 之间参数关系 $(a=2uv, b=u^2-v^2, c=u^2+v^2$.这里 u 和 v 互素,奇偶性相异且 $u>v$)的结构美.

巴比伦人在代数学上也有很高的造诣,诺伊格鲍尔(Neugebauer)在卢浮宫(Louvre)博物馆的一块书板上发现了两个有趣的级数问题:

其一是：

$$1+2+2^2+\cdots+2^9=2^9+(2^9-1)=2^{10}-1$$

其二是：

$$1^2+2^2+\cdots+10^2=\left[1\times\left(\frac{1}{3}\right)+10\times\left(\frac{2}{3}\right)\right]\times(1+2+\cdots+10)$$
$$=385$$

除了显现出来的整齐、均衡的形式美外,也蕴藏着数学公式结构的神秘美.无怪人们推测,可能巴比伦人已经熟悉公式：

$$\sum_{i=0}^{n}r^i=\frac{r^{n+1}-1}{r-1}\text{ 和 }\sum_{i=1}^{n}i^2=\frac{n(n+1)(2n+1)}{6}$$

并且感受到它们的简洁美了.

巴比伦人在公元前 2000—前 1600 年就已经熟悉了计算长方形、直角三角形和等腰三角形的面积,有一边垂直于平行边的梯形面积,长方体的体积以及特殊梯形为底的直棱柱体积的一般规则.这就足以说明巴比伦人已经感受到了几何构形之美了.尤其是在圆形上,他们知道直径的三倍为圆周;用 $3\frac{1}{8}$ 作 π 的估计值;取圆周平方的 1/12 为圆面积;把圆周分成 360 等分,等等.这也充分证明了巴比伦人对"一切平面图形中最美的图形——圆"在其构形上显示出来的对称美、和谐美,更是感受尤深.

产生在公元前 1850 年的莫斯科纸草书包含有 25 个数学问题,加之兰德纸草书中阿默士(Ahmes)抄写下的 85 个数学问题,共 110 个问题全部都是数值问题.由埃及数系建立起来的算术具有加法特征,主要用迭加法.做通常加减法时,他们只是靠添上或划掉一些记号,以求得最后结果.乘除法也是化成迭加步骤来完成,在计算过程中不仅不需要乘法表,而且便于用算盘计算.这种算术四则运算是怪有意思的,它反映出古埃及人已经朦胧地发现了加减乘除四则运算在本质上的一致性,所以这种算术四则运算渗透着数学的内在美.古埃及人力求避免在分数计算上的某些困难,他们把所有的分数都拆成一些所谓单位分数(即分子为 1 的分数)的和,唯一的例外是 2/3.兰德纸草书中把具有 2/n 形式的分数编成单位分数的数表,这是由埃及乘法的二进性决定的.阿默士首先对从 5 到 101 的所有奇数 n,列出了这样的

表.例如

$$2/7 = 1/4 + 1/28$$

$$2/97 = 1/56 + 1/679 + 1/776$$

$$2/99 = 1/66 + 1/198$$

纸草书中的某些问题就是利用这个表计算的.这种数表除了表现出整齐、均衡的形式美之外,还记录着埃及人利用单位分数对分数进行四则运算而朦胧地感受到的分数的内部组织结构之间存在着的一种内在美.

尤其值得提及的是兰德纸草书中的一个奇妙的第 79 号问题.在这个问题中,出现下列一组奇妙的数据,这里我们意译如下:

个人的全部财产

房子					7
猫				4	9
老鼠			3	4	3
麦穗		2	4	0	1
谷物(以赫克特(hckat)为单位)	1	6	8	0	7
	1	9	6	0	7

人们容易看出,这些数是 7 的前 5 次幂以及它们的和.于是大家最初设想是,作者也许以房子、猫等象征性的术语来表示一次幂二次幂的,等等.然而,历史学家康托(M. Cantor)对此作了一种更为有趣、更为合理的解释:"一份财产包括 7 间房子,每间房子有 7 只猫,每只猫吃 7 个老鼠,每个老鼠吃 7 个麦穗,每个麦穗能生产 7 赫克特谷物.问这份财产中,房子、猫、老鼠、麦穗和谷物(以赫克特计)总共有多少?"这也许就是世界上被保存下来的口传谜语之一.显然这在阿默士抄下它之前就是个老问题了.人们不禁会想到它与斐波那契(Fibonacci)编入他的《算盘书》中的问题(即"有 7 个老妇人在去罗马的路上.每个人有 7 匹骡子,每匹骡子驮 7 条口袋,每条口袋装 7 个大面包,每个面包带 7 把小刀,每把小刀有 7 层鞘.在去罗马的路上,妇人、骡子、面包、小刀和刀鞘,一共有多少?")以及英国古诗中的一个惊人的绕口令(即"我赴圣地爱弗西(Ives),途遇妇人数有七,一人七袋手

中提，一袋七猫数整齐，一猫七子紧相依，妇与布袋猫与子，几何同时赴圣地？"）何以如此相似乃尔？这只能说明，用形象的语言去描述，借生动的比喻去理解，既有利于数学的普及，也可给数学增添一些绚丽的色彩. 这是古往今来，人们对数学语言美的共同追求.

埃及几何学最了不起的例子，是被称为"最伟大的埃及金字塔"的莫斯科纸草书的第 14 个问题中的数值例题："如果告诉你，一个截顶金字塔垂直高度为 6，底边为 4，顶边为 2. 4 的平方得 16，4 的二倍为 8，2 的平方是 4；把 16、8 和 4 加起来，得 28；取 6 的三分之一，得 2；取 28 的二倍为 56. 看，它是 56，你算对了."从该例可得计算方棱锥平头截体体积的公式

$$V = \frac{1}{3}h(a^2 + ab + b^2)$$

其中 h 是高，a 和 b 是上下底的边长. 这个公式之所以了不起，一方面是因为它用具体数字写出时表达形式呈现出对称美，另一方面是在于它用简单的方式正确地揭示了方棱锥平头截体中体积与高、边之间关系的规律性，给人简洁美的感受. 金字塔代表埃及人对几何的另一种用法，埃及人用"进程"和"升高"的比值（即给出每一单位高度，斜面离开垂直面的水平距离）测量金字塔的一个面的陡度，也反映出古埃及人对比例美的追求. 但总的说来，埃及人的数学是简单粗浅的，甚至不比巴比伦数学高明.

无论是巴比伦还是埃及，他们都认为数本身有神秘特性并可以用之于预卜未来，对自然界和人类社会中的现象作神秘解释. 这就是所谓的神数术. 例如，希伯来人的测字术（希伯来传统神秘主义的一种形式）就因希伯来人用字母来表示数，所以他们认为由字母组成的每个字都具有一个数值. 这就产生了字与数之间的神秘联系. 如果每个字的字母值之和相同，那就表明这两个字所代表的两种概念、两个人或两件事之间有重要的联系. 在以赛亚的预言里，狮子宣告巴比伦城的沦落，因为希伯来文中狮子这个字与"巴比伦"这个字里，其字母所代表的数字之和恰好相等. 正好说明巴比伦人与埃及人的数学都处于开端与萌芽阶段，所以是很初等的. 因而反映出来的数学美也是一种朦胧的、带着神秘色彩的美.

据今所知,印度在公元前 800 年以前是没有数学的. 在公元前 6 世纪,印度人也创造出一些原始数字,这与两位伟大的印度学者:语法学家普宁宁(Panini)和宗教教师释迦牟尼(Buddha)有关,这也许就是"绳法经"产生的时代. 它们是在数学史上有意义的宗教作品,最为人熟知的是数码的书写和零号的发明,同时在拉绳设计祭坛时体现了几何法则并表明作者是熟悉勾股之数的. 因而也反映出印度的数学和宗教、占星术有密切联系. 他们的数学书籍实质上是宗教作品,所以带有浓厚的宗教气味,蒙上一层神秘色彩.

综上所述,在早期数学时代,人类已经感受到一种朦胧而带神秘色彩的数学美了. 在数学形式上,其主要表现是已经呈现出以整齐、对称、均衡、比例为特征的形态美. 若要进一步发掘早期数学中的美学因素,还有待于我们进一步深入研究. 如,中国以《周易》为起源的象数学、巴比伦和埃及文化中的神数术体系、印度的吠陀经中大量的神秘运算,等等.

2.2 数学美的萌芽时期

从数学史的观点看,自公元前 600 年,古典希腊数学产生始至 15、16 世纪欧洲文艺复兴时期,希腊数学成果的再现止,这个时期的数学是属于常量的、初等的数学范畴,我们称这一时期的数学为古典数学. 在这个时期中,人们开始注意到了数学与美学之间的关系,并对这种关系进行了有意识地探索与论述,促使了数学与美学关系的发展. 所以这一时期,是数学美的萌芽时期. 说它是数学美的萌芽时期,理由有二.

其一,这一时期的数学美学思想仍明显地带有朦胧时期那种神秘主义的色彩.

在古代,美学思想通常都以哲学论述的形式出现,而古代的科学和艺术是统属于哲学范畴之中的,因而,很难把数学中的美学思想与哲学思想截然分开. 人类进入文明时代之后,一直试图寻找各种自然现象的统一本原. 对此,各古代民族几乎一致认为:世界存在着一个统一的本原. 古希腊毕达哥拉斯认为:"万物的始基是'一元'. 从'一元'产生'二元'",进而"产生出各种数目;从数目产生出点,从点产生出线,从线产生出平面,从平面产生出立体,从立体产生出感觉所及的一切物体,产生出四种元素:水、火、土、空气",进而产生了整个世界. 总之,"数目的基本元素就是一切存在物的基本元素.""宇宙的组织在其规定中是数及其关系的和谐体系."中国《周易·系辞上》提出:"易有太极,是生两仪,两仪生四象,四象生八卦". 老子说:"道生一,一生二,二生三,三生万物." 庄子说:"泰初有无,无有无名,一之所起,有一而未形,物得以生,谓之德." 这里主张从"一"派生万物的哲理,东西方是吻合的. 在我国老庄哲学中把一称为道,或元始天尊;在秦汉人的宗教思想中,把一作为"太一",比作太阳或北极星. 在西方,毕达哥拉斯认为"一"是理性的象征,万物的本原;新柏拉图主义创造人普洛丁认为"太一"就是一切存在的始源,就是最完满的"一",也叫作"神"或"善". 这种从哲学观念产生的对"一"的神化现象,衍生出一个庞大的"数字崇拜"体系.

例如,毕达哥拉斯提出"万物皆数"的学说,把数作为构造万物的材料,赋予它们丰富的属性:"一"是理性的象征,因为理性是不变的;"二"表示意见;"三"是力量的象征;"四"表示公平;"五"是婚姻的象征,因为它是第一个阴性数"二"和第一个阳性数"三"的结合,等等. 一、二、三、四这四个数,叫作四象,特别受到重视. 因为它们的和是10,而10是一个完善的数字,它代表整个宇宙. 据说人们参加毕达哥拉斯学派时所作的誓言是:"谨以赋予我们灵魂的四象之名宣誓,长流不息的自然的根源包含于其中." 从而使"数"包含丰富和神秘的内容. 在毕氏学派眼中,通过"数"可以在单纯感觉的材料下面,发现潜在的自然的和谐关系,因而数的和谐原则可以认为是人类最早提出的一条数学美原则. 从这一数学美学思想出发,他们提出了天体运动必须是均匀的圆周运动的基本假设. 毕达哥拉斯认为,天体按贵贱可以分为三个等级,最上一层的天体最高贵,称为奥林波斯,是诸神的居处;中间一层叫考的摩斯,是日月诸星的运转区;最下一层叫乌兰诺斯,是地球区域. 正如 5 世纪一个著名的毕达哥拉斯学派的学者菲洛罗斯(Philolaus)所说:"如果没有数和数的性质,世界上任何事物本身或其与别的事物的关系都不能为人所清楚了解. ……你不仅可以在鬼神的事务上,而且在人间的一切行动和思想上乃至在一切行业和音乐上看到数的力量."尤其是从柏拉图起,"万物皆数"说产生了一系列神秘主义思想.他认为神永远遵从几何规律,只有找到那永恒不变的数学定律,才是有价值的.柏拉图认为真正的天文学,是研究数学天空里星星运动的数学规律的,他坚决维护毕达哥拉斯关于星体是球形的美学原则.因为球体是对称和完善的形式,因此宇宙必然是球体的.这是神的旨意.上帝在创世时是完全按照数学美原则去做的,有两种原始的优美的几何图形可以作为创世的原初物质.一种是等边三角形,一种是等腰直角三角形.从这两种三角形就可以逻辑地产生四种正多面体,这就形成了组成世界现实万物的四元素.火微粒是正四面体,土微粒是立方体,气微粒是正八面体,水微粒是正二十面体.火、土、气、水四大元素按照一定数量比例组成和谐的现实世界.其比例为:火对气的比例等于气对水的比例和水对土的比例.还有第五种元素只有天国才有,叫精英,是由正五边形形成的正十二面体,它组成天上的物质.所以大千世界都可以用其所含各种元素的比例的数量关系来表达.柏拉图在《共和国》中说"整个算术和计算都要用到数.""……因此这就是我们所追求的那种学问……哲学家也要学,因为他必须跳出茫如大海的万变现象而抓住真正的实质……他们是为了灵魂本身去学的;而且又因为这是使灵魂从暂存过渡到真理和永存的捷径……我所说的意思是算术有很伟大和崇高的作用,它迫使灵魂用抽象的数来进行推理."毋庸赘述,这段话道出了柏拉图对"万物皆数"的极度推崇.可见,柏拉图主义乃至新柏拉图主义都深受毕达哥拉斯主义影响.而柏拉图主义又在历史上影响深远,所以引发了后世"数学神秘主义"的先河.中世纪的圣·奥古斯丁(Aurelius Augustinus)深受毕达哥拉斯和柏拉图的影响,他发展了毕氏关于宇宙是数与数的关系的命题.他认为,美以及存在本身的本质就是数.因此数是和谐与秩序的精髓.他认为,美的形式的和谐与秩序,也就是整个宇宙学、宗教实践和人类思维的统一原则.而这一原则是由握有打开这一和谐钥匙的万能上帝所创造的.如果说毕氏的数的神秘原则还具有自然神论性质的话,那么奥古斯丁的数的神秘原则就完全是上帝至善至美的反映了.在此影响下,直至16世纪的德国数学家开普勒仍认为"自然之书,乃是以数学的特征而谱写的."实际上,这是"万物皆数"思想的一种延续与发展.

再如,在中国,"万物皆数"思想,数学知识来源于神的说法,也是流行而延续很长的.例如,阴阳学说认为阴阳两气为万物之本;五行学说认为金、木、火、水、土五种元素为万物之源;八卦学说又以天、地、水、火、风、雷、山、泽八种自然现象作为万物之因.这些学说都力图在复杂的大千世界中寻找一种统一和谐的美,并用二、五、八等数来刻画它,当然是"万物皆数"思想的反映.在刘徽的《九章算术注》序和《孙子算经》序中也可以找到"万物皆数"的说法.如公元 67—270 年成书的《孙子算经》序言中:"夫算者,天地之经纬,群生之元首,五常之本末,阴阳之父母,星辰之建号,三光之表里,五行之准平,四时之终始,万物之祖宗,六艺之纲纪."朱熹的学生蔡沈还用数字神秘主义来附会《尚书·洪范篇》,说:"数始于一,奇;象成于二,偶.奇者,数之所以立;偶者,数之所以行,故二四而八,八卦之象也;三三而九,九畴之数也."这样,数学源于神,"万物皆数"的说法又重新提出来,并且有所发展.13世纪秦九韶也认为数学"大则可以通神明,顺性命,小则可以经世务,类万物",认为"数与道非二本".这里把数学看成从精神到物质的一切事物的本原,也是"万物皆数"的思想流露.到了 13 世纪秦九韶和给《四元玉鉴》作序的莫若都又提出"河图洛书阐发(数学的)秘奥""河图洛书泄其秘"的看法.更有甚者,1592 年明代程大位的《算法统宗》还说:"数何肇?其肇自图书乎?伏羲得之以画卦,大禹得之以序畴,列圣得之以开物."强调了古代"河出图,洛出书"的神话,发展了数学神创的观点.这种看法一直流传到 18 世纪初,对数学发展有一定的影响.

综上所述,可见,在古典数学时期,无论是东方还是西方,数学的美学因素有形无形中仍与神学纠合在一起,蒙上了一层神秘的色彩.这正反映出数学美刚刚破土萌芽,显得幼弱而娇嫩,只有借助于神学的力量才能生存.

其二,这一时期的数学美的表现形式还是低层次的、外层次的,主要是表现数学理论、图形之中关系的定理和公式所呈现出来的形态美.

古希腊的毕达哥拉斯学派首倡"美在形式"的理论,认为美与事物形式所表现出来的均衡、对称、比例、和谐,多样统一分不开.认为美完全可以用严格的"数"来加以表达.这大概是数学与美学之间的关系的最早论述.

毕达哥拉斯学派把均衡与对称作为按照数的秩序所构成的形式之一,视之为一种美.他们把平面上的圆和空间中的球视为最完美的几何图形.因为它们具有完全转动的对称性和一种机械的均衡性.在这种观点的影响下,有人认为,曲线表示优美、柔和,给人以运动感,所以"曲线是最美的线条";直线表示力量、稳定、生气、刚强;折线表示转折、突然、断续;折线形成的角度则给人以上升、下降、前进等方向感.建筑风格的变化就是以线为中心的.希腊式建筑多用直线,罗马式建筑多用弧线,"哥特式"建筑多用相交成尖角的斜线,这是最显著的例子.

毕达哥拉斯有句名言:"凡是美的东西都具有一个共同特征,这就是部分与部分之间,以及整体之间固有的协调一致."他们第一次提出了"美是和谐与比例的合度"的观点.从这个观点出发,他们认真研究了琴弦长度之间的关系,发现乐器上的琴弦,在一定的张力作用下,其频率与弦长成反比.如果两根弦长之比为 2:3,则振动频率之比为 3:2.又发现用三根弦所成的乐器中,当三弦长度之比为 3:4:6 时,发出的音最和谐.后来他们又把所发现的数的和谐原理推广到天文学的研究,认为地球到各个行星的距离必成音乐级数,其相互关系必与单弦在振动时发出的谐音的弦长关系相同.为此,他们认真研究了他们认为美的一些比和比例关系,提出了关于两个数 A、B 的算术平均值 M、几何平均值 G、调和平均值 H 等概念,并求出它们之间的比例关系:$M:G=G:H$.毕达哥拉斯学派称这个比例为"完全比例".他们又发现 A、B 这两个数和它们的算术平均值 M 及调和平均值 H 的关系为 $A:M=H:B$.他们称这个比例为"音乐比例",从而形成了"天体音乐"或"宇宙和谐"的论断.他们把数视为构造宇宙的基本因素,数的和谐构成了宇宙的和谐,美就是从这一和谐之中产生出来的.尤其是他们发现了著名的"黄金分割律",如果一个人的身长正巧是1.618 米的话,那么以肚脐为界,最匀称的身材其上下身长之比应为0.618:1.这正好说明,完全比例、音乐比例、黄金分割比,乃是古希腊人追求一种匀称美和形体美之结果.

欧洲文艺复兴时期的帕西奥利（Pacioli）在 1509 年出版了《神秘的比例》这本专论比例的著作．他亲切地把比例称为"母亲"、并尊其为"皇后"．他在这本著作中系统介绍了古希腊的"黄金分割比"．他认为世间一切美的事物，都必须服从"黄金比"这个神秘比例的法则．欧洲中世纪的著名学者斐波那契的著作中，有下面一道数学题："如果每对兔子每月可生一对小兔，每对小兔在第二个月也可以分娩一对新的小兔，如此继续，且不发生死亡，问一年中共可生兔多少对？"由此引出了一个奇妙的数列，后人称之为斐波那契数列：

$$a_1 \quad a_2 \quad a_3 \quad a_4 \quad a_5 \quad a_6 \quad \cdots \quad a_n$$
$$2 \quad\; 3 \quad\; 5 \quad\; 8 \quad 13 \quad 21 \quad \cdots \quad n$$

自 a_3 项开始，这个数列的每一项 a_n，都是它前两项之和，即

$$a_n = a_{n-1} + a_{n-2} \,(n \geqslant 3)$$

这个数列有一个奇妙的性质，每前后两数之比：

$$\frac{2}{3}, \frac{3}{5}, \frac{5}{8}, \frac{8}{13}, \frac{13}{21}, \cdots$$

恰好可以作为"黄金比"的一级近似值，二级近似值…乃至 n 级的近似值．"黄金比"与斐波那契数列的这种内在关联，使它具有一种特殊神秘感与迷人的魅力，这使包括帕西奥利在内的数学家都为之倾倒．

所谓"多样统一"就是寓多于一，多统于一，在丰富多彩的表现中保持着某种一致性．"多样"是整体中所包含的各个部分在形式上的区别与差异性，"统一"则是指各个部分在形式上的某些共同特征以及它们之间的某种关联、呼应、衬托的关系．客观世界是无比丰富的，但客观世界的众多事物，又不是相互孤立的，它们都置身于特定的系统之中．对作为反映客观世界量及其关系规律的数学来说，其概念、形式的简单性及蕴涵于其中的对立统一的规律的和谐性，就是美学里的"寓多样于统一"的形式美．所以说，和谐就是多样的统一的具体表现．无怪公元前 2 世纪古希腊数学家斐安说："和谐是杂多的统一，不协调因素的协调．"公元前 7 世纪，古希腊对于几何学的研究已经集中了异常丰富的材料，于是，如何把这些令人眼花缭乱的、丰富多样的材料统一起来，使之纳入一个严密的逻辑体系之中，乃是"多样的统一"考虑的一种必然趋势．古代学者希波克拉底（Hippocrates）和西艾泰德斯

(Theaetetus)等都曾为此做过大量的综合整理工作,然而直到欧几里得《几何原本》的问世,这一艰巨的统一性工作,才取得根本性的成就.它的贡献在于把丰富多彩的几何知识按公理系统的方式妥切安排,使得反映多样几何事实的公理和定理都能用论证串联起来,组成了一个井井有条的、统一的有机整体.犹如一座富丽堂皇的宫殿,雄伟壮观,瑰丽多姿!给人以"多样统一"的形态美的享受.

古希腊哲学家德谟克利特(Democritus)指出:美的本质在于有条不紊、匀称、各部分之间的和谐、正确的数学比例.他的《原子论》就是根据他的这一数学美学思想构筑起来的.德谟克利特相信隐藏在自然界不断变化的万物之下的真实性是可以用数学来表示的,而且世界上所发生的一切是由数学规律严格确定了的,是受数学美学原则支配的.古希腊哲学家亚里士多德也曾指出:"那些人认为数理诸学全不涉及美或善是错误的.因为数理于美与善说得好多,也为之作过不少实证;它们尚未直接提到这些,可是它们若曾为美善有关的定义或其影响所及的事情作过实证,这就不能说数理全没涉及美与善了.美的主要形式'秩序、匀称与明确',这些唯有数理诸学优于为之作证.又因为这些(例如秩序与明确)显然是许多事物的原因,数理诸学自然也必须研究到以美为因的这一类因果原理."亚里士多德用观察的方法来证实地球是最完满的球形,进而认为天体最完美的形状是球形.他认为,只有各部分的安排相对于整体来说是匀称的,大小比例和秩序能够突出完美的整体,才能见出整体上的和谐.在这里,他所论及的仍然是属于外层次的形态美.

从 5 世纪中叶西罗马帝国灭亡开始到 11 世纪,这个时期称为欧洲的黑暗时代.因为在这个时期里西欧文化处于低潮,学校教育名存实亡,希腊学问几乎绝迹,就连许多从古代世界传下来的艺术和技艺也被忘记了.数学更是停滞不前,更谈不上对数学美的研究与追求.大约在热尔拜尔(Gerbert)时代,希腊的科学和数学的经典著作开始传入西欧,激起欧洲人很大的兴趣.他们大力搜求希腊著作的抄本,愈来愈多地把这些著作译成拉丁文,12 世纪在数学史上堪称翻译者的世纪,使希腊数学成果第一次再现,使欧洲人对理性主义和自然的兴趣复活.经过 14 世纪相对于数学上的"不毛之地"后直至 15 世纪开始的欧洲文艺复兴,数学复苏才迈出了有创造性的几步.许多数学家认识到数学定律归根到底是终极的目标,用数学式子来表达研究结果是知识最完善、最有用的形式,是设计和施工最有把握的向导.文艺复兴时期,描绘现实世界成为绘画的目标,许多艺术家坚信数学的透视法能使绘画得到实体的、精确的再现;对数学的兴趣引导他们去研究数学透视法,把从事绘画看成是为了运用几何;同时又视透视法的数学原理为绘画的舵轮和准绳.这个时期对数学美做出贡献的要数达·芬奇(Da Vinci).他不仅是一个大画家,而且又是一个大数学家、力学家和工程师,后人称他是科学上的艺术家,艺术上的科学家,被恩格斯称为文艺复兴时代巨人之一.达·芬奇认为,人体的比例必须符合数学的法则,各部分之间成简单的整数比例,或与图形、正方形等完美的几何图形相吻合.唯有数学才是人们公认的真理体系,除非通过数学上的说明与论证才能称为是科学的.美感完全建立在各部分之间神圣的数学比例关系上.他的名画《最后的晚餐》中犹大形象正处在黄金分割点上.可见他孜孜不倦地追求的就是力图表现最美的形体、最美的线条与最和谐的比例,仍然是属于外层次的形态美.

在中国,也是如此.整个古典数学时期,数学与美学的关系也主要表现在外层次的形态美.墨翟是我国古代最博学的自然科学家,《墨经》的几何学可与欧几里得的《几何原本》媲美,其中孕育着不少数学美学思想.《墨经》从力的平衡角度来论述球状实体的美.它认为球形的物体放在平面上,无论处在什么位置上都可以达到平衡,因而显得美.这是因为球形物体在平面上随处都可以直立,而使重心与接触点保持垂直,达到随遇平衡之因.墨子提出一切事物的起始是"端"的思想.他说:"端,体之无厚而最前者也."事物被分割到无厚、无间的程度,就达到了它的起始点——"端".端是原始物质的最小单元不能再分割了.这与古希腊德谟克利特的《原于论》颇为相似,也与《几何原本》中"点是没有部分的""线段两端是点"的说法相同.尤其是《墨经》中对空间的解释:"宇,弥异时也."这里的宇就是空间.《墨经》中对时间的解释是:"久,弥异时也."指的是各种不同时刻和时间段的总和.《墨经》认为,事物的运动必定经历一定的空间和时间.这里提出了一种直觉时空统一的数学美学思想.当然,不论是关于球体美、最小单元说,还是时空统一观,都还没有脱离外层次的、直觉的形式,所以仍然属于数学形态美的范畴.

事物形式要素之间的匀称和比例,是人们在实践活动中通过对自然事物的总结抽象出来的.我国木工祖传的"周三径一、方五斜七"的口诀,就是制作圆形和方形物体的大致比例.古代画论中所说"丈山尺树,寸马分人"则是历代画家的经验之谈.据考察,我国在《九章算术》中已有关于粟米的比例算法了.这在我国古算中称为"今有术",它包含了两内项之积等于两外项之积这一思想.南朝梁的文学批评家刘勰在其著作《文心雕龙·定势》中写道:"圆者规体,其势也自转;方者矩形,其势也自安",就是人们在漫长的实践活动中形成的对于"圆"和"方"的形式美感,也是数学的形态美之表现.明代著名乐律理论家和数学家朱载堉从数学比例的美学思想出发大胆扬弃了沿用两千年的音乐律制,提出了科学的十二平均律.朱载堉的计算方法的实质是在八度音之间分成 12 个音程相等的半音,相邻两音频率的比值都是 $\sqrt[12]{2}$,顺次组成 12 个等程律.它是数学知识、声学知识和音乐知识密切结合的产物.朱载堉运用精确的数学运算使音乐的和谐达到了惊人的程度.其实这也是数学美学思想在音乐艺术上的反映.北宋数学家贾宪著《黄帝九章细草(九卷)》(约 1200 年)给出了"开方作法本源图".贾宪三角形的结构奇妙,呈等腰三角形形状,两腰上的数都是一,三角形内的每个数都是其上一行"两肩"上的两个数之和(图 2-4).贾宪三角形体现了整齐、对称、协调,给人以美的感受.1275 年,南宋的数学家杨辉在《续古摘奇算法》一书中谈到了洛书的构造方法.其实,我国公元 80 年时的一部古书《大戴礼记》,就已经把由一至九这九个数字摆成的方阵记载下来了,杨辉将这个方法推广到了各式各样的纵横图(幻方)上去.从数学美的角度来说,在各种形状的表中进行数字排列,使得这些数进行简单的逻辑运算,例如加法或乘法,不论采用哪一条途径,得到的结果都相同.这种纵横图,构形优美,性质奇妙,给我们一种特别强烈的美感.

在我国传统的数学中,常常用形象的语言去描述概念,借助生动的比喻去理解题意.这在古算书中是屡见不鲜的.如《孙子算经》中的"物不知数",就有好几个吸引人的别名."韩信点兵""秦王暗点兵""鬼

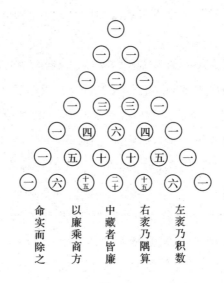

图 2-4

谷算""隔墙算""神机妙算""大衍求一术"等等,使人听其名,就欲知其详.这个问题原为:"今有物不知其数,三三数之剩二;五五数之剩三;七七数之剩二,问物几何?答曰:二十三."它的解法,宋朝周密编成了歌诀:

"三岁孩儿七十稀,

五留廿一事尤奇,

七度上元重相会,

寒食清明便可知."

"上元"是阴历正月十五,即元宵节,隐含数字 15."寒食"是节令名.《荆楚岁时记》载:"冬至后一百五日,谓之寒食,禁火三日."冬至一般在 12 月 22 日,清明在 4 月 5 日,前后 105 天,所以最后一句是隐指 105.明代程大位在《算法统宗》里用四句优美的诗来表达其解法.诗曰:

"三人同行七十稀,

五树梅花廿一枝,

七子团圆正半月,

除百零五便得知."

这首优美的诗,把枯燥的数字,赋在人和美丽的梅花上;又把 70 与成语,15 与月半,巧妙地联系在一起,语言通俗生动,朗朗上口的韵律,既有音乐之美,又有记忆之效,反映出了数学语言美的感染力.

综上所述,可见无论东方还是西方,在古典数学时期,表现出来的数学美主要是以均衡、对称、匀称、比例、和谐、多样统一等为特征的数学形态美以及数学语言美,但都是外层次的、低层次的;对于数学内层次的、内在美(神秘美)虽有论及,但为数甚少而且亦很肤浅.这正好说明古典数学时期的数学美还处在萌芽状态.

2.3　数学美的发展时期

17 世纪在数学史上是很引人注目的.这个世纪,随着当时的政治、经济和社会的发展,给予了数学巨大的推动,使许多新的、宽广的领域为数学敞开了大门.耐普尔(Napier)的对数发现,哈里奥特(Harriot)与奥特雷德(Oughtred)的代数记号和编纂,伽利略创立动力学,开普勒宣布了行星运动定律,笛沙格(Desargues)与帕斯卡(Pascal)开辟的纯几何新领域,笛卡尔创立现代解析几何,费马(Fermat)为现代数论奠基,惠更斯(Huygens)在概率论等领域中的杰出贡献,均为牛顿、莱布尼兹创造微积分这一划时代业绩,做好了准备.微积分的问世,宣告了变量数学、高等数学的产生,所以说 17 世纪是现代数学的开端,而 17 世纪以后直至现在,数学进入了变量数学、高等数学的范畴,我们称这一时期的数学为现代数学.在这个时期中,数学美学思想已经超越了毕达哥拉斯以来的以猜想为主的阶段,进入到数学的理论体系的阶段.在这时期中,经典数学达到了数学形态美的发展高峰,进而向着内层次的数学结构美、数学逻辑美等内在美的方向发展.在这个时期中,发展变化的观点进入数学美学领域,数学美由一种静态美进入一种动态美.这一时期的后期,数学美的发展尤为迅速.通过庞加莱、爱因斯坦、海森堡等人的努力,数学美的研究已进入一个以探求数学的美学标准、数学的美学方法以及数学的真、善、美的关系问题的新阶段.进入 20 世纪以来,数学的美学思想更是面临着质的飞跃,对于传统的数学美学思想又有诸多突破.这一切都说明自 17 世纪以来的现代数学时期也是数学美的发展时期.说它是数学美的发展时期,理由有三.

第一,这一时期的数学美的表现形式已经是高层次的、内层次的,主要是数学理论的内部逻辑结构所呈现出来的神秘美(内在美).

这个时期的初始阶段,伟大的数学家、物理学家牛顿,划时代的名著《自然哲学的数学原理》就是一部精美的数学艺术珍品.牛顿在《原理》中,首先提出了四条法则、八个原始定义、四条定律,然后利用演绎法极其简单明晰地得出了全部的推论.其中,第一次有了地球和天体主要运动现象的完整的动力学体系和完整的数学公式.有趣的是,这些公式、定理虽然也是用他的流数法发现的,却都是借助古典欧氏几何熟练地证明的,只是各处用了些简单的极限概念.所以《原理》的这种演绎体系完满地对世界体系作出了数学解释,渗透着一种严格演绎的逻辑美.而这种逻辑美,我们在欧氏几何中曾经鉴赏过.这就充分说明了牛顿使数学的内在美照耀在力学的研究领域中.其实从数学美的传统来说,牛顿属于毕达哥拉斯主义和柏拉图主义.因为牛顿坚信,自然界习惯于简单化,各类自然现象之间有它的内在相似性,自然界总是要保持自身的和谐一致的.在牛顿的力学理论体系中体现出一种高度统一的美,它有力地证明了,天体运动和地面上的运动同处于一个巨大的数学和谐之内.但是伽利略-开普勒-牛顿形成的新时代的数学美学思想体系和毕达哥拉斯主义或柏拉图主义有着本质的不同.其主要一点在于毕达哥拉斯主义或柏拉图主义都是不能得到确证的一种美感直觉.而牛顿的数学美学思想,则是一种理性的毕达哥拉斯主义.《原理》中理论体系的完美、严谨使天国的故事失去魅力,《原理》中的数学形式之美遮住了维纳斯的光芒.难怪莱布尼兹对他评价说:"在从世界开始到牛顿生活的年代的全部数学中,牛顿的工作超过一半."无怪他的成就被英国诗人波普(Pope)用诗表达:

> 自然和自然规律沉浸在一片黑暗之中,
>
> 上帝说:生出牛顿来,一切都变得明朗.

18世纪欧洲最著名的数学家欧拉(Euler)1748年出版的《无穷小分析引论》是一部详细地研究了二次曲线和高次曲线优美的数学著作.它记载了欧拉对数学美的主要贡献,在于通过笛卡尔坐标变换,把一般的二次方程 $Ax^2+Bxy+Cy^2+Dx+Ey+F=0$ 所表示的二次曲线,化归为9种标准形式中的一个.进而欧拉又把平面二次曲线标准化问题推广到空间二次曲面标准化问题上.通过深入研究,找到关键在于空间向量角.于是他又巧妙地通过坐标系统绕原点旋转,消去三个互不相关的"欧拉角 ϕ、θ、ψ",像二次曲线一样,把空间二次方程化归为 17 种标准型之一.欧拉的开创性工作说明,任何一般方程,只要通过一定的坐标变换,就可转变为标准型方程,使多样化为统一.这就是数学内在美的魅力之一.

18 世纪另一位最伟大的数学家拉格朗日(Lagrange)的不朽著作《分析力学》,被誉为"科学的诗".其中包括今天称作拉格朗日方程的动力系统运动的一般方程:

$$\frac{d}{dt}\frac{\partial T}{\partial q_g} - \frac{\partial T}{\partial q_g} = Q_g$$

式中,t 为时间,q_g 为广义速度,q 为广义坐标($g=1,2,\cdots,s$；s 为力学体系的自由度数),Q_g 为广义力相应的 g 分量,T 为力学体系的动能.这样就把牛顿力学数学化了.所以从数学形式来看,力学规律达到了尽善尽美的地步.拉格朗日分析力学方法的最大优点是,它可以选择广义坐标,从而对坐标架的选择比较自由,能把各类形式的力学问题统一在一个类型之下来研究,这就变得十分简洁和方便.正由于这样,拉格朗日分析力学的理论体系是很美的.拉格朗日有较高的数学素养,他在风格上是"现代的",堪称第一个真正的分析家,所以才能取得像"拉格朗日方程"这样的美学价值.无怪乎拿破仑(Napoléon)给他这样的评价:"拉格朗日是数学科学方面高耸的金字塔."

数学王子高斯最伟大的专著是他 20 岁时写的《算术研究》,它在现代数论中十分重要;它对数学美的贡献也是很大的.高斯发现的关于正多边形的作图和方便的同余记号就写在这部著作中.在全书中,高斯不但对前人的辉煌成果作了系统的归类,而且对数学符号进行了标准化的处理,譬如提出用 i 来代替虚数 $\sqrt{-1}$.数论中十分美丽的同余理论,就是在本书中发表的.高斯不但讨论了实数的同余式,而且讨论了多项式的同余式,因而使我们感受到一种互补性的美.书中还有漂亮的二次互反律的首次证明.二次互反定律是同余式理论的一个基本结果,高斯十分欣赏它的美,称它是算术中的一颗宝石.利用复数理论,高斯又得到了简单而优美的三次反转定律和双二次剩余理论,让我们充分享受到了数学的内在逻辑美.高斯在数学创造中,具有一种独特的美学追求,对自己的数学著作总是要求尽善尽美.他主张:一个大教堂在没有摆脱脚手架之前不是一个大教堂.他自己也身体力行,竭力使自己的每一著作完全、简明、优美和令人信服,而把借以达到其结论的分析的每一步都去掉.这样一来,他实际上是让树上只长果子.他坚持这样的格言:"宁肯少些,但要好些."高斯选择了《李尔王》中的几行诗作为他的格言:

> "你,自然,我的女神,
> 我要为你的规律而献身."

高斯这种对数学美的执意追求的精神,很值得我们学习.

19世纪数学家、物理学家哈密顿(Hamilton),于1843年底在爱尔兰皇家科学院会议上宣告了四元数的发现,1853年发表了他的伟大著作《论四元数》.哈密顿关于四元数的研究,具有很高的数学美价值.因为它不仅是美妙而富有创造性的,而且推出了不同于普通代数的遵守某种结构规律的代数方法,从而表现出异于寻常的奇特、新颖的美学特征,为我们打开了现代抽象代数的大门,给我们揭示了一个全新的数学美的领域.哈密顿经过多年的探索,觉得自己在矢量代数上的美学追求必须作出两点牺牲:其一,这个数应当是四分量数,而不是三分量数;其二,必须取消乘法交换律的思想.他认为,从形式美的角度来看,完全可以把这个四元数看作一个算子,这样就可以顺利地进行各种代数或算术运算.他引进了一个重要的微分算子"∇",它形如古代希伯来的一种乐器那不拉(nabla),称为哈密顿算子.有了这个算子作工具,哈密顿得出了一系列美妙的结论.哈密顿算子奇妙的性质,为物理学家描述大自然的和谐与秩序,找到了可与微积分媲美的新的数学工具,在科学美学思想史上贡献是巨大的.麦克斯韦(Maxwell)美妙的电磁学方程组,其微分表示式就是哈密顿算子在电磁学领域中的具体应用,这是一种不可企及的美的典范."那不拉"就将哈密顿的四元数理论推向了数学美学的顶峰.哈密顿以写诗的激情来完成他的《论四元数》,使四元数理论就像诗歌的格律和韵调一样,数学家和物理学家有了它,就可以自由创造出许多优美的科学作品来.正当哈密顿致力于四元数体系建设时,另一个数学家格拉斯曼(Grassmann)于1844年发表了他著名的《多元数理论》.但由于格拉斯曼不讲究形式的美,叙述又抽象难懂,所以这本书虽有高度的独创性,但是鲜为人知.哈密顿简洁优美的文笔正好与格拉斯曼冗长晦涩的文风形成鲜明的对照.可见,作者优美的文笔,将会使一部科学作品大为增色.

数学家黎曼(Riemann)创立的黎曼几何,最能说明他的创造性的数学美学思想.1854 年,黎曼为了获得哥廷根大学无报酬的正式讲师职位,发表了关于建立在几何基础上的假设的著名讲演.这被认为是数学史上发表的内容最丰富的长篇论文.论文中涉及空间和几何的广泛的扩展问题.黎曼认为,我们只可能认识局部空间的美,而无法全览整个空间的美.因而黎曼的出发点是两个无限靠近的点的距离的公式.在欧几里得几何中,这个距离为:

$$ds^2 = \mathrm{d}x^2 + \mathrm{d}y^2 + \mathrm{d}z^2$$

黎曼指出:可以使用许多别的距离公式,而每种不同的距离公式则决定了最终产生的空间和几何的性质.有

$$ds^2 = g_{11}\mathrm{d}x^2 + g_{12}\mathrm{d}x\mathrm{d}y + g_{13}\mathrm{d}x\mathrm{d}z +$$
$$g_{21}\mathrm{d}y\mathrm{d}x + g_{22}\mathrm{d}y^2 + g_{23}\mathrm{d}y\mathrm{d}z +$$
$$g_{31}\mathrm{d}z\mathrm{d}x + g_{32}\mathrm{d}z\mathrm{d}y + g_{33}\mathrm{d}z^2$$

度量形式的空间(在这里,这些 g 是常数或 x,y,z 的函数),现在被称作黎曼空间;而这种空间的几何称为黎曼几何.欧几里得几何是很特殊的情况:在那里,$g_{11} = g_{22} = g_{33} = 1$,此外其他所有 g 均为零.后来,爱因斯坦称 $\mathrm{d}s^2$ 为黎曼度规.因为黎曼在这里假定了 g 是坐标的函数,所以黎曼实际上认为物理空间的性质与空间点的性质有关.而这一点,正是爱因斯坦广义相对论美的基本出发点.黎曼的广义空间和几何就成为爱因斯坦广义相对论所需要的数学背景.黎曼几何的创立,引起了人们对几何学严密逻辑结构的广泛兴趣.直至希尔伯特(Hilbert)在 1899 年《几何基础》出版以后,才总结出完备的几何公理体系的相容性、独立性和完备性三个普遍原则.但当时并没有人理解黎曼的数学美学思想.大多数的数学家只是把黎曼几何当作逻辑美的珍奇玩意来欣赏.而很少有人认真地考虑能否用非欧氏几何表达物质空间的问题.只有到了 20 世纪,现代物理学的发展,才使黎曼几何从单纯的逻辑美上升为现实物理世界的美.

我们从牛顿的《自然哲学的数学原理》、欧拉的《无穷小分析引论》、拉格朗日的《分析力学》、高斯的《算术研究》、哈密顿的《论四元数》、黎曼的关于空间和几何的论文中所呈现出来的美感可以看出,数学美已经完全不同于萌芽时期的那些依赖于猜测或直觉的形态美,而是有坚实的逻辑基础,优美、简洁地表现形式的内在的结构美.这种数学的结构美与实际的物理世界又十分吻合.更为重要的是,完美的数学内在美,甚至能预见自然规律.因此,数学美给人一种可信任的美感.正如美学大师康德所指出的那样:数学的美达到了眩人耳目的程度.

第二,这一时期的数学家们已经形成独特的方法论思想,他们一方面致力于数学的美学方法的运用,一方面又在考虑数学方法的优美化.

这一时期的初始阶段,就有很多杰出的数学家仍然遵循毕达哥拉斯的传统美学思想,致力于数学的美学规律的探索.同时,又对过去研究中常用的方法:归纳法、演绎法、类比法等进行了美化.开普勒、耐普尔、伽利略、笛卡尔……就是这样的一些代表人物.开普勒的行星三大运动定律是天文学史和数学史上的里程碑.三大运动定律的发现,可以说是运用美学方法的胜利.尤其是揭示第三定律的过程,可以说是科学美学思想支持的结果.因为他坚定地认为数和数的和谐是有规律的,因此他用了十年时间遨游于布拉赫(Brahe)的大量观测资料之中,终于得到第三定律 $T^2 = D^3$ 如此简单的形式.这就是美学观念:杂多中有统一,不协调中有协调的体现.同时,开普勒从布拉赫的大量数据中,发现这些经验规律,也是科学上曾做过的最值得注意的归纳之一,从而将归纳法推向了新的优美的高度.

耐普尔的对数发现,也是数学的美学方法的一次典型的成功.耐普尔本着简单、合理、和谐的美学原则的考虑,经过长期的思索,形成了一条思路:设法把乘除运算转化为加减运算.为此,给出下述定义:考虑线段 AB 和无穷射线 DE(图 2-5),令点 C 和点 F 同时分别从 A 和 D,沿着这两条线,以同样的初始速度开始移动.假定 C 总是以数值等于距离 CB 的速度移动,而 F 以匀速移动.于是耐普尔定义 DF 为 CB 的对数.也就是说令 $DF = x$ 和 $CB = y$,则 $x = \mathrm{Naplog}\, y$.进一步他又发现,经过一系列相等的时间,在 x 依算术级数增加时,y 依几何级数减少.这样就得到了对数体系的基本原则:几何级数和算术级数的这种联系,可以将乘法归结为加法运算,这就大大简化了繁琐的求积运算.

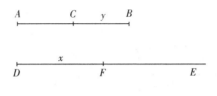

图 2-5

伽利略对数学美学的发展作出很大贡献,主要表现在他倡导的数学-实验方法.这一方法的特点是在物理学实验中运用数学知识进行抽象.这一方法产生了两方面的影响:一方面使数学的美学特性在很大程度上影响了物理学的发展,使后来的物理学家,无不为追求物理世界的统一、和谐与数学方程式的完美而竭尽全力.另一方面促使了数学与经验自然科学的结合.这一方法本身对数学美学提出了一个新问题:如何使数学本身迅速得到改造,使之更接受物理学,更服从于现实的物质运动.伽利略的数学-实验方法的关键是提出可以数学化的假说.由于数学具有连续性和清晰性等美学特点,所以数学化的假说也具备了这些美学特征.这样就便于用数学方法寻找研究对象中量的变化规律,最终揭示出研究对象所具有的规律.所以他首创的数学-实验方法,在数学与自然科学的研究中都起了积极的作用.他运用这种方法证实了天地的统一性.所以实验和理论之间的和谐这个现代科学精神,应归功于伽利略.

笛卡尔十分欣赏并沉醉于数学美学的王国里,他认为只有像欧氏几何那样的演绎体系,才是到达了十分完美的地步.1637 年,他发表了标题为《更好地指导推理和寻求科学真理的方法论》的著作,同时也宣告了解析几何的问世.笛卡尔觉得代数完全可以改造得如几何一样完美.解析几何的创立,使得许多古典几何学的内容被纳入到代数的研究领域.几何学的美妙方法,对代数学的发展也起了促进作用.所以笛卡尔曾得意地说,自己的《几何学》著作,作为他的"万能方法"的具体应用,因而具有方法论的特性,可以对后世科学家的研究方法起指导作用.他曾设想把演绎的逻辑原理和方法用代数式来表示,使逻辑与代数统一起来.无疑,这是将演绎推向新的更完美的境地.1847年布尔(Boole)发表题为《逻辑的数学分析——关于走向演绎推理》的一篇短文,预告着布尔代数的诞生,才实现了笛卡尔这个数学美学的理想.

由上述数例可见,正是运用了数学的美学方法,开普勒才发现了三大运动定律,为天文学、数学建立了不朽的业绩.耐普尔应用了数学的美学原则,创造出举世瞩目的对数.伽利略应用了数学-实验的美学方法论证了天地的统一性.笛卡尔运用了数学的美学方法创立了解析几何,把代数与几何统一了起来.足以说明,这一时期的伊始就形成了真正具有特色的数学美学方法.

研究者过去经常用的方法,如归纳法,经过开普勒的十年努力,推向了新的优美的高度.演绎法,由于笛卡尔竭力推崇而得到美学上的升华.公理化体系的美学效果通过莱布尼兹的进一步阐述,在数学方面得到了更好的发挥.这位"公理学派"的启蒙者,曾给算术构造过一个公理系统,他把自然数从 1 开始作为一条算术公理,并定义 2 等于 1+1,3 等于 2+1,等等.取 $a+(b+1)=(a+b)+1$ 作为加法定义.这样借助数学归纳法,进一步可以证明加法交换律和结合律对任何自然数都是正确的.后来经过希尔伯特、皮亚诺(Peano)、罗素(Russell)、怀特海(Whitehead)、哥德尔(Gödel)等人的努力已经形成了现代公理化的优美体系.直到布尔巴基(Bourbaki)学派,为了达到高度思维经济之目的,决定采用全面的公理方法,对数学的各个不同分支进行重新的安排,从而把公理化方法推向登峰造极的地步.类比法,由欧拉之手带进了数学美学的领域.欧拉采用一种巧妙的类比推理法,解决了雅各布·伯努利(Jakob Bernoulli)的一个级数求和难题:"求级数 $\sum_{n=1}^{\infty}\dfrac{1}{n^2}$ 之和."经过构思,欧拉大胆地把代数方程与三角方程进行类比,这样便完成了一项非常有趣的发现,给出了伯努利所未能找到的级数和.类比法虽然并不严格,但却很有启发性,因此具有很高的美学价值.大学问家康德通过自己的科学研究活动,也认识到采用类比方法,才能使理论达到完善的美学要求.他说:"每当理智缺乏可靠论证的思路时,类比这个方法往往能指引我们前进."康德本人正是利用卫星的起源来类比太阳系形成的一般理论的.在数学美学中,数学方程式的普适性,使类比方法的功能获得极大的巩固与提高,成为数学领域中与其他方法并列的一种科学美学方法.数学家拉普拉斯(Laplace)对类比方法的美妙的结果,更是倍加推崇.他评论开普勒在研究了行星运动规律之后完全可以运用类比推理方法去研究彗星的运动,然而开普勒善于想象,而不善于娴熟地运用类比时说:"活泼的想象力又使他迷失了方向,类比推理的线索从他手里逃脱,而失掉了另一个大的发现."拉普拉斯认为,如果在科学研究活动中,不能善于运用奇妙的类比方法,将会轻易地失去发明的有利时机.

综上所述,一些数学上常用的方法,通过数学家之手,都逐个进入了数学的美学领域,发挥出美学方法的魔力.

第三,这一时期,特别是 20 世纪以来,对于数学理论的审美标准有了较为一致的认识,并且对于传统的数学美学思想也有了新的突破.

20 世纪开始,对于数学理论审美标准,在以下四个主要标准上,有了比较一致的看法.

统一性 庞加莱认为,数学发明(现)实质上就是一种"选择".而"选择"的一个标准就是统一性的观念.统一意味着物质世界各个部分是相关协调的,因此,作为物质世界(数量)规律的反映,数学理论在本质上也是统一的.又由于物质世界的统一是一种多样性的统一,因此数学理论的统一也就是包含了差异性的统一.庞加莱认为,数学就是在这种统一性、多样性的交替过程中臻于完美的.爱因斯坦认为科学理论的美学标准是:"在世界图像中尽可能地寻求逻辑的统一,即逻辑元素最少."狄拉克坚信世界的统一性应当是宇宙美的主要标志.布尔巴基更是以统一数学语言和概念为己任.可见统一性已是与多样性相互补充的一个美学标准.

简单性 庞加莱认为简单性的观念应当是数学理论的第一个选择标准.但庞加莱认为,对简单性的观念可以有多种理解:具有最少构成要素的结构,符合简单性观念;在无数可能的方式中选择一个最方便的方式,也符合简单性观念.正因为简单性观念的这种多歧义性,使得数学理论臻美的过程变得复杂起来.数学理论的最终目标当然是尽善尽美,因而数学的真正的、唯一的目标就是简单性和统一性.其中统一性是根本的,而简单性则不过是期望得到的.爱因斯坦则把逻辑上的统一性与逻辑元素的简单性的要求完全一致起来.海森堡直截了当地把简单性原则和美作为真理的美学标准.他认为判定理论的美学标准有两个,第一是简单性,第二是数学形式的完整性.布尔巴基利用结构概念来描述数学中所有基本问题.他们抽象出三种最简单的类型作为数学的基本结构,并从这些基本的结构出发,布尔巴基认为可以组建全部数学的奇妙大厦.所以他们仍然是在追求简单性.可见,简单性已是与复杂性相互补充的一个审美标准.

对称性 数学家外尔在他的名著《对称性》中,曾对对称性概念的发展作了历史性的回顾:如何由一种含糊概念(关于比例的和谐性)发展成为几何的概念(包括双侧的、旋转的、平移的、装饰的、结晶的对称等)直至现代的概念(指元素的构形在自相变换群下的不变性),向我们说明了对称思想的哲学和数学意义以及它的美学价值.爱因斯坦创造性地运用美学的对称性,提出了具有革命意义的狭义相对论.许多现代物理学家,从爱因斯坦对称性原理得到了有益的启发.海森堡抓住对称性这一美的形式大做文章,1927年提出作为量子力学基本原则之一的测不准关系.1931年狄拉克大胆提出反物质的假说,并引进了一种崭新的电荷共轭对称性美的概念,使对称性的美学价值在更大的范围内得到人们的承认,成为又一个审美的标准.

思维经济性 这种美学思想历史发展的过程是:最初是中世纪英国,威廉·奥卡姆认为,在知识领域中若无必要,不应增加前提假设的数目.这后来被称为"奥卡姆剃刀"原则.莱布尼兹继承了"奥卡姆剃刀"的传统,认为大自然从来不用麻烦和困难的方法去做那些本来可以用简易的方法就能完成的事情,提出了美学中的"最大和最小原理".欧拉通过力学积分计算后,提出了"最小作用量原理",揭示出自然结构是节约的这个美学命题.高斯对最小作用原理进行了研究,提出了力学中著名的最小约束原理.高斯的工作,为美丽的最小作用原理添上了鲜艳的一笔.哈密顿改变了最小作用原理的叙述,称它为稳定作用原理.马赫在前人研究的基础上,提出思维经济原则.就是对经验的描述必须运用经济原则,并把它作为科学理论统一的目标.其实也是源出于"奥卡姆剃刀"美学原则.爱因斯坦不完全同意马赫的意见.但是他承认"思维经济"原则在科学家研究活动中,实际上在起着一条美学重要原则的作用.因为大自然本身的结构是最经济的.因此人的意识的自由创造性思维就得与其相适应.爱因斯坦说得对,思维经济实际上是主观与客观两方面平衡的结果.

20 世纪 50 年代以来,一些传统美学思想,也随着科学在分化与综合这两方面的迅速发展而有所突破.控制论、信息论、系统论三论的出现,为数学美学的发展开辟了新的广阔领域.模糊数学、突变数学的兴起,又为数学美学找到了新的起点.譬如数学中既有精确性的美,也存在不精确的美;既有渐变之美,也有突变之美.此外,科学语言与艺术语言的有机结合,形象思维与逻辑思维相互补充,抽象美感与美感直觉的相辅相成,以及数学中真、善、美的统一问题,将成为我们研究数学美学的新课题.这些问题一旦获得解决,必将大大丰富数学创造和数学美学的内容.

三 数学美的分类及其特征

　　我们已经知道,数学美是社会属性与物质属性的有机统一.其社会性构成了数学美内容方面的因素;其物质化构成了数学美形式方面的因素.因此,我们可以从内容与形式两个方面对数学美进行分类,并分析其基本特征.

3.1 数学美的分类

　　虽然数学美的概念不是一成不变的,随着社会历史的发展,它同样地经历着变化和发展的过程.但是,就数学美的内容和基本特征而言,却又同时具有它们的相对稳定性.数学美的内容和特征,就是数学家们所重视的理论和方法的优美.这也就是说数学美的内容包含两个方面,即理论与方法.按这两个方面,我们可以将数学美进行分类为结构美、语言美与方法美.

　　所谓结构美,正如法国数学家庞加莱所说:"数学的结构美是指一种内在的美,它来自各部分的和谐秩序,并能为纯粹的理智所领会,可以说,正是这种内在美给了满足我们感官的五彩缤纷美景的骨架,使我们面对一个秩序井然的整体,能够预见数学定理."布尔巴基学派给数学下了如下定义:"数学是研究结构的科学."这个定义不仅概括了数学研究的对象是事物的结构或系统,而且也指出了数学结构应该是美的,即应该使数学知识通过逻辑手段构成一个简洁、和谐的理论框架,在框架中映射出自然界和谐运动的图景,这种严谨而美妙的结构将给人们以新奇与满足,使我们对数学结构的整体以及细节均能有清晰的认识与理解,从而提供了猜想出可能结果的更大机遇.其简洁、和谐与奇异是数学结构美的基本特征.

数学语言是一种特殊的语言,因为它有一整套的数学符号系统.数学符号系统比起日常语言来,有三个很大的优点:确切性、经济性和通用性.一个世界范围内公认的某种符号系统,能够突破各民族语言的隔阂而成为全人类共同的、统一的表述工具.同样一个数学符号公式,对全世界各民族的人来说,只要具备了一定的数学素养,都可以确切地理解它的复杂涵义.因此,数学比起其他科学来说,更具有完美的语言形式.正如马克思所说,任何一门科学,如果还没有使用数学语言,那就不能算是完备的.数学语言借助于数学符号把思维运算(过程)扼要地表现出来,并能准确地、深刻地把现象的结构表现为其不变式.数学语言,以它的简洁、概括、精确、有序,富于形象化、理想化的美的特征和形式,给人们以美的感受.其简洁、和谐、有序就是数学语言美的基本特征.

客观世界错综复杂,无奇不有.在杂乱的自然现象中抽象出数学概念,用简洁的数学形式来阐明自然规律,解决实际问题,形成了色彩斑斓、经久不灭的各种数学方法.而各种独特的数学方法都有各自的不寻常性,构成各自独特的美.庞加莱说:"数学的优美感,不过是问题的解答适合我们心灵需要而产生的一种满足感."这句话深刻地说明了数学方法给人的美感决定了数学方法与人心灵的适应性.一个美的数学方法或数学证明是指在解答复杂问题中,体现出来的美妙之处使心灵感到一种愉快的惊奇.数学方法的简洁性、典型性、普遍性和奇异性能给人们美的感受.所以数学方法美是以其简洁性、普适性与奇异性为基本特征的.

数学美的形式有两个层次,即外在层次(外形式)与内在层次(内形式).按这两个层次,我们可以把数学美分为形态美和内在美(神秘美).所谓外形式是指数学美的内容的外部表现形态,即"在数学理论、图形之中或者数学理论和图形的相互关系之中,到处可见表现了这些关系的定理和公式所呈现出来的简单、整齐、对称、和谐的美.这种美就称为形态美."数学美的内形式是指数学美的内容诸要素的内部组织结构,即"从科学深处发现看起来不同的事物在本质上的一致性,看起来无关的事物间深刻的联系,极其复杂的运算的结果为一最简单、最原始的数等等",并由此萌生的一种神秘感所激发的快乐美好的感情.这种美感就称为神秘美(内在美),主要表现为奇异性和思辨性.

由此可见,无论是按数学美的内容,将其分为结构美、语言美与方法美;还是按数学美的形式,将其分为形态美与神秘美.其基本特征均为:简洁性、统一(和谐)性、对称性、整齐性、奇异性与思辨性.

3.2 简洁性

简洁性是数学美的特征之一.著名物理学家爱因斯坦曾指出:"自然规律的简单性也是一种客观事实,而且正确的概念体系必须使这种简单性的主观方面和客观方面保持平衡."所以,作为反映现实世界中的量及其关系规律的数学来说,那种最简洁的数学理论最能给人以美的享受.数学的简洁美,并不是指数学内容本身简单,而是指数学的表达形式和数学理论体系的结构简洁.莱布尼兹用"$\int f(x)\mathrm{d}x$"这一简洁的符号表达了积分概念的丰富的思想,刻画出"人类精神的最高胜利",因此,有些数学家把微积分比作"美女".数学中的许多定理、公式、论证都充满着简洁的特征,往往许多现象可以归纳为数学的一个公式、一个方程或一个函数关系.例如,二次函数 $y = ax^2 + bx + c$,它可以表示竖直上(下)抛运动的距离($a = \pm \frac{1}{2}g, b = v_0, c = 0$)、圆的面积($b = c = 0, a = \pi$)、抛物线、炮弹飞行的路线、振动物体的振动能量以及自然界中质量与能量的转化关系等等.

简洁性是数学结构美的重要标志.数学理论的迷人之处,就在于能用最简洁的方式揭示现实世界中的量及其关系的规律.如果一个数学理论结构十分繁琐和累赘,以致使人难以看下去,那么,即使这个理论能够解决问题,也难免令人厌烦,从而大为逊色.这里我们以罗素的"分支类型论"为例加以阐述.应当肯定,罗素对于悖论的研究很有贡献,而且现有的一些解决悖论的方法,无一不渊源于罗素早年提出的见解.尤其是他与怀特海合著的《数学原理》被誉为"总结过去数学基础的研究成果,并由它宣告数理逻辑已经充分成熟"的划时代的巨著.然而美中不足的是,罗素的"分支类型论",不仅要按照对象的性质、性质的性质……加以分类,而且对于每一类中的性质,又要按照性质的意义加以分级,以致分支类型论的展开变得非常累赘和复杂,因而那种依靠类中分级与恶性循环原则来排除悖论的方案,乃至整个分支类型论的展开都不为大多数数学家所欢迎.后来,他的学生拉姆齐(Ramsey)终于把分支类型论加以简化,也就是在废除分支类型论中关于级的划分,而保留类的划分的基础上建立了"简单类型论".由于简单类型论既可排除逻辑悖论、数学悖论,同时又显得简洁明了,自然为大多数数学家所欢迎.(有关详细内容可参阅辽宁教育出版社出版,朱梧槚编著,黄正中、徐利治审校的《几何基础与数学基础》.)

简洁性是数学形态美的基本内容.冯·诺依曼指出:"人们要求一个数学定理或数学理论,不仅能用简单和优美的方法对大量的先天彼此毫无联系的个别情况加以描述,并进行分类,而且也期望它在'建筑'结构上'优美'."譬如对于数学表达式 $\rho = \dfrac{ep}{1 - e\cos\theta}$ 来说,所含的符号较少,结构简单、醒目、直观性强,但它却概括了直线、圆、椭圆、双曲线、抛物线五种曲线方程,就可以认为是简洁的;日本米山国藏用算术导入法,仅以一个对象和两种运算为基础,从自然数开始,始终用同一种方法,一步步地构造出新数,构成八个数系,建立起一座庄严美丽、雄伟整齐的数系殿堂.而就证明过程来看,所用知识不多不深,我们就说这种证明方法是简洁的;在几何作图上,人们坚持只用简单工具——圆规直尺,固然也体现了简单性,但是人们更为期望的是在建筑结构(逻辑结构)上的优美(简洁性).例如,皮亚诺公理系统之所以是现代数学基础研究的一个起点,就在于它是一种只用到三个原始概念及五个公理的十分简单的逻辑结构模式.

简洁性也是数学家追求的目标.当我们追溯数学大师们对简洁美的追求时,首先想到的是大数学家高斯.1817年3月,高斯在回顾二次互反律的证明过程时曾说:"去寻求一种最美和最简洁的证明,乃是吸引我去研究的主要动力."著名数学家傅里叶(Fourier)在创立"傅里叶级数"时也进行了有关简洁性的考虑,正如他自己所说:"每一个数学函数,无论多复杂,总可以表示为某些简单的基本的函数(即相当于形成音乐中的纯音,或光学中的纯色的那种函数)之和."傅里叶的这一成果不仅对后来的受边界值约束的偏微分方程积分的现代物理方法有启迪,而且对以后的数学中函数概念的发展也起了促进作用.

1889年9月，希尔伯特在一篇短短的注记中，以直接的非构造性的革命方法，统一地解决了不变理论中著名的"果尔丹问题"．他的做法和高斯当年建立代数基本定理相似，是把"存在有限个基本不变式"和"具体找出不变式"这两个问题分开．重要的是，他的非构造性的纯粹的存在证明非常简洁和深刻，这使他同时代的一些人窘困不解，以使"不变量之王"果尔丹惊呼："这不是数学，而是神学．"然而，正是这简洁而深刻的"神学"预示并孕育了20世纪的新数学分支——抽象代数这门学科——的产生．

简洁性又是数学发现与创造中的美学因素之一．最简单的例子便是代数运算中之乘法与幂的运算，此乃加法（相同加数）与乘法（相同因数）的简化．又如，正是由于计数运算中简洁性之考虑，才导致了对数运算方法的产生．另一个典型例子便是二进制的建立．二进制可以说是从逻辑关系的简洁性考虑中所引出的结果，而且由此而导致了电子计算机的出现．所以这是计算数学的一场革命，它不仅对于数学发展来说开创了一个新的领域，而且对于整个自然科学的发展所产生的影响也十分深远．1899年夏天，希尔伯特在德国数学年会上复活"狄利克雷(Dirichlet)原理"一事，是数学发现中充分发挥简洁美因素的范例．如所知，在魏尔斯特拉斯(Weierstrass)以前，人们已从物理结果中直觉地认识到狄利克雷原理的合理性，但却忽略了一个与之有关的逻辑问题，因而魏尔斯特拉斯曾批评指出："不经证明，就在考虑的函数中，假设存在着使积分达到极小值的函数，这是不合理的．"当时黎曼也曾应用过这个原理，他既认为上述批评是正当的，却又并不因此而对原理本身的意义有所动摇．因为他坚信在物理上有意义的东西，在数学上也一定是有意义的．尽管魏尔斯特拉斯还进一步构造反例，证明狄利克雷原理并不普遍成立．然而，希尔伯特却终于指出："只要对曲线和边界值的性质加上某些限制，即可消除魏尔斯特拉斯所指出的缺陷．"这样，希尔伯特不仅拯救了狄利克雷原理本身，同时也使黎曼的理论恢复了它原有的简洁美．人们在这里看到了希尔伯特的思想特征，就是回复到问题的本源和原始概念的简明性．希尔伯特之所以如此坚定不移地去复活这个原理，原因就在于他能深刻地看到，狄利克雷原理的"诱人的简洁性"和它"内在的真实性"是密切相关的．这正如爱因斯坦与海森堡如下一段对话所说:"假如自然把我们引向非常简单而美的数学结构——所谓结构,我指的是假说、公理等等的有条理的系统——引向前所未遇的结构,那么,我们不禁会想它们都是'真的',它们揭露了自然本来面目……你必然也会有这样的感觉:自然骤然展现在我们面前的这些关系几乎令人吃惊的简单和完全,而关于这些我们都丝毫没有准备的."

由于数学是逻辑地展开的,因此简洁性的要求在数学中就集中地反映在对公理的要求上.对单个的公理来说,要求它们是"自明的".就是说,其中所包含的概念应是众所周知的,而命题的真理性则是毋庸置疑的;对整个公理系统来说,则要求相容、独立和完备.因为从公理系统之独立性要求出发,就要把公理系统所包含的任何一条多余的公理去掉,亦就是一条也不能多.再从公理系统之完备性要求出发,就表示这个公理系统中所有公理已经一条也不能少,否则就要在实质上减弱或者破坏整个公理系统.在这里,一个相容的公理系统中所罗列的这些公理,所体现出来的这种既不多也不少的形态,正是一种深刻的简洁美.如所知,希尔伯特把公理化方法推向了完善化和形式化的阶段,反映了他对简洁美的认识是何等的严密和深刻.那么人们不禁要问,数学家们对于简洁性的追求是否会与严格性的要求相矛盾呢?希尔伯特对此曾精辟地指出:"把证明之严格性与简洁性决然对立起来是错误的.相反,我们可以通过大量例子来证实:严格的方法同时也是比较简洁、比较容易理解的方法.正是追求严格性的努力,驱使我们去寻求比较简洁的推理方法."这样,希尔伯特就不仅在实践上,而且在理论上,肯定了简洁性原则的重要地位和价值.

综上所述,数学研究中的简洁性因素和简洁美的考虑,对数学发展是有重要作用的.但是在数学研究的过程中,对简洁性和统一性的考虑往往有着密切的联系.正如英国数学家,1966年菲尔兹奖获得者阿蒂亚所说:"数学中的统一性和简洁性的考虑,都是极为重要的.因为研究数学的目的之一,就是尽可能地用简洁而基本的词汇去解释世界.归根结底,数学研究是人类的智力活动,而不是计算机的程序.如果我们希望能把人类所积累起来的知识一代一代地传下去,我们就必须努力地去把这些知识加以简化和统一."所以我们也要重视数学美的统一性特征.

3.3 统一性

庞加莱指出：数学美在于"雅致""雅致"所研究的"是不同的部分的和谐，是其对称，是其巧妙的协调，一句话，是所有那种导致秩序，给出统一，使我们立刻对整体和细节有清楚的审视和了解的东西."这就是说统一是指部分与部分，部分与整体之间的和谐、协调.欧几里得的《几何原本》，把一些空间性质简化为点、线、面、体几个抽象概念和五条公设，并由此导出一套雅致的演绎理论体系，为人们所折服.拉格朗日在他的"约束极值的拉格朗日乘子法"中，对目标和约束求导上的一视同仁的表达，显示出匀称、均衡、和谐的美.这种协调对称的美感在拉普拉斯以其名字命名的二阶偏微分方程上也表现了出来.它的美还表现在以简洁凝练和统一的方式表达了许多不相同的物理规律.罗素和怀德海的《数学原理》，别出心裁地从逻辑学的概念和原理出发，由纯逻辑的演绎推导出全部数学的基本概念和原理，"相当成功地把古典数学纳入一个统一的公理系统"，为人们所感叹.

统一性是数学结构美的重要标志.正如恩格斯所指出的，数学中充满了辩证法.数学中一些表面看来不相同的概念、定理、法则，在一定的条件下可以处在一个统一体中.例如，平面几何中的相交弦定理、割线定理、切割线定理、切线长定理，都可以统一于圆幂定理之中；在集合论建立以后，代数中的"运算"、几何中的"变换"、分析中的"函数"这三个不同领域中的概念，可以统一于"映射"概念之中.在数学方法的运用上，也显示出数学结构的统一性.许多不同类型的问题可以用统一的思想方法来解决.例如，数学家的思维方式——化归法，就是一个统一的数学思想方法.在立体几何的研究中，就可以利用化归思想，将空间问题化归为平面问题，异面直线的距离化归为点到平面的距离，进而化归为两点间的距离；几何体的体积公式的推导也是通过台体化归为锥体化归为柱体化归为长方体化归为立方体，这样逐步化归完成的，所以我们认识了数学中的统一性，就能捕捉住数学中的美点.

统一性是数学研究的一个大方向.因为客观世界统一在物质之中，那么作为从量的侧面研究客观世界的数学也必然存在着统一性，因此统一性也就成为数学研究的重要方向.如果我们从结构的统一性来认识,那么在空间中赋予各种各样的量的结构,便可形成各种各样的数学分支及其研究对象.例如,当我们赋予代数结构(乘法、加法等)时,就形成代数的群、环、体等代数空间;又若赋予序结构时就形成半序空间;若赋予邻域结构时,则形成点集拓扑空间;又赋予概率结构时就形成概率空间;赋予向量结构时就形成向量空间;赋予向量与内积结构时就形成欧氏空间等等.特别是在同时赋予上述几种结构时,就将形成各种各样的边缘分支及其研究对象.为此,代数、几何、分析的绝对界限和"形"与"数"的绝对差别等等也就不存在了.从而为数众多的各个数学分支,也就在赋予某种结构的意义下被统一起来.正如大数学家希尔伯特所论述的:"在作为整体的数学中,使用着相同的逻辑工具,存在着概念的亲缘关系,同时,在它的不同部分之间,也有大量相似之处.我们还注意到,数学理论越是向前发展,它的结构就变得越加调和一致,并且,这门科学一向相互隔绝的分支之间也会显露出原先意想不到的关系.因此随着数学发展,它的有机的特性不会丧失,只会更清晰地呈现出来."

统一性也是数学发现与创造的美学方法之一.克莱因(Klein)的《爱尔兰根纲领》用变换群的观点统一了 19 世纪发展起来的各种几何学,指出各种几何学所研究的,只不过是在相应的变换群下的一种不变量,从而为几何学的发展树立了时代的里程碑,得到了人们的赞美.在这里"从种种性质不同的数学素材和方法中寻求统一的意向,乃是克莱因思维方式的特点",克莱因的这一思想方法和《爱尔兰根纲领》,不仅在几何学的发展中是一种划时代的贡献,而且还进一步导致了诸如拓扑变换下的不变性、不变量等研究方向以及一些新学科的诞生.所以,数学研究中的"不变量"原则,乃是统一性的美学方法在数学发现中的一种深刻体现.特别应当提及的,就是统一性这一美学方法对于古典集合论的诞生所起的关键作用.19 世纪,工业科学技术和自然科学的蓬勃发展,推动了变量数学的迅速发展.当时为了弄清无穷小量与无穷级数的本质而迫切要求严格奠定数学分析的理论基础极限论;抽象代数已经在研究群、环、域等具有特殊结构的无限集;几何学也在力图突破图形的直观,走向开辟点集拓扑学的新领域.这就要求建立一个能以统括各个数学分支并能建树其上的理论基础.正是在这样的历史背景下,康托(G. Cantor)系统地总结了长期以来的数学的认识与实践,终于在集合理论的认识上真正从有限推进到无限,缔造了一门崭新的数学学科——集合论.可见康托对于古典集合论的创立,造就了整个经典数学的一次大统一.

统一性又是数学家永远追求的目标之一.著名的布尔巴基学派的《数学原本》,别开生面地以集合论为基础,应用公理方法按结构观点来重新整理各个数学分支.无疑在数学的高度统一性上给人们以美的启迪.布尔巴基学派是用"结构"的概念系来统一数学的.美国的麦克莱恩与艾伦伯还提出以"范畴论"统一整个数学的新观点.美国数学家伯克霍夫也曾提出以"格"的概念去统一代数系统中的种种理论和方法.从当代数学研究的一些成果来看,可以清楚地看出数学的实质上的统一性.例如,建基于几何的对称性上并广为物理学家所利用的李群,却融合了代数、分析与几何各个方面的知识.在代数、分析和几何三个领域交汇之处产生了 D-模理论.这说明了统一不仅是数学美的重要特征,而且也是数学本质的一种反映.正如数学家阿蒂亚所指出的:"人们通过讨论数论、代数、几何和拓扑,直到分析中的一些例子去阐明数学的统一性.在我看来,这种相互作用绝不是一种简单的偶然巧合,实际上是数学的本质的一种反映."事实上,也正是这种"数学的本质"的反映,才使得数学家们对统一性产生如此之大的兴趣,并使他们在理论和方法的研究上富有成果.

3.4 对称性

对称性是数学美的最重要的特征.著名德国数学家和物理学家外尔说:"美和对称紧密相连."由于现实世界中处处有对称,既有轴对称、中心对称和镜对称等等的空间对称,又有周期、节奏和旋律的时间对称,还有与时空坐标无关的更为复杂的对称.作为研究现实世界的空间形式与数量关系的数学,自然会渗透着圆满和自然的对称美.例如,函数与反函数图像关于直线 $y=x$ 对称;代数中的代数式化简时的共轭因子;多项式方程虚根的成对出现;线性方程组的克莱姆法则,都给人以一种对称性的美感.谈到几何之美,人们更忘不了对称.从数学的观点来看,对称只不过是一类很特殊的变换.具有对称性的图形,是指在对称变换下仍变为它自己的图形.依此观之,在其他变换下不变的图形,也应该有对称一样的美.例如,由帕斯卡线所产生的帕斯卡构图、斯坦纳(Steiner)构图,就体现着这种广义的对称美.虽然射影变换已不再保持长度、面积……诸量的不变,但却保持着点、线的结合关系.因此构图的两个特点是:过每一点的线数一样多;每条线上都有同样多的点.正是点、线结合的匀称性,体现着帕斯卡、斯坦纳构图的广义对称美.更巧妙的是,另外还有60个匀称的笛沙格构图处处伴随着它们,组成一个无比和谐又极为壮观的庞大景象.

我们再来考察一下:这种结构在什么变换下保持不变?由于构图的发端地,乃是内接于二阶曲线的六个相异点(用 $1,2,3,4,5,6$ 记之),因此,若作一个置换

$$\begin{bmatrix} 1 & 2 & 3 & 4 & 5 & 6 \\ i_1 & i_2 & i_3 & i_4 & i_5 & i_6 \end{bmatrix}$$

其中 $(i_1,i_2,i_3,i_4,i_5,i_6)$ 是 $(1,2,3,4,5,6)$ 的任一排列.于是60条帕斯卡线、60个斯坦纳点,也都随之而作相应的置换.但三类构形的整体和彼此的相互关系,都保持不变.换言之,每个置换都使帕斯卡、斯坦纳构图作了一个使自己不变的某种转换.由于6个元素的置换有 $6!$ $=720$ 个,它们构成一个置换群,其中包括了使帕斯卡、斯坦纳构形变为自己的所有转换.但是有如下12个置换:

$$\begin{bmatrix} 1 & 2 & 3 & 4 & 5 & 6 \\ 1 & 2 & 3 & 4 & 5 & 6 \end{bmatrix} \begin{bmatrix} 1 & 2 & 3 & 4 & 5 & 6 \\ 2 & 3 & 4 & 5 & 6 & 1 \end{bmatrix} \cdots \begin{bmatrix} 1 & 2 & 3 & 4 & 5 & 6 \\ 6 & 1 & 2 & 3 & 4 & 5 \end{bmatrix}$$

$$\begin{bmatrix} 1 & 2 & 3 & 4 & 5 & 6 \\ 6 & 5 & 4 & 3 & 2 & 1 \end{bmatrix} \begin{bmatrix} 1 & 2 & 3 & 4 & 5 & 6 \\ 1 & 6 & 5 & 4 & 3 & 2 \end{bmatrix} \cdots \begin{bmatrix} 1 & 2 & 3 & 4 & 5 & 6 \\ 5 & 4 & 3 & 2 & 1 & 6 \end{bmatrix}$$

又构成一个子群.它实际上对应着帕斯卡、斯坦纳构形的恒等变换,以此子群将置换群分成 $\dfrac{720}{12}=60$ 个等价类,则知:使帕斯卡、斯坦纳构形不变的转换,实质上不同的只有60个.这与二阶曲线上6个相异的点,可以生成60个不同的内接六边形,正相呼应.其实,这种把"图形在置换下保持不变者"看成对称的观点,在数学中早已有之,我们把代数式中 $x_1+x_2+x_3$,$x_1x_2+x_2x_3+x_3x_1$,$x_1x_2x_3$,$x_1^2+x_2^2+x_3^2$,…都叫

作对称多项式,就是因为它们在对变元 x_1,x_2,x_3 的置换下保持不变.由此可见,在数学领域中,将具有美感的对称加以推广,是很有必要的.由此观之,帕斯卡构形、斯坦纳构形以及联结它的笛沙格构形所成的总体,无论从形式或就内容言之,它们都具有广义的对称美,而且还可奉之为具有这种广义美的典型.因为在这么多的置换下都保持不变,又在众多的点、线(105 个点,60 条线)处有着多种形式的匀称性,实为罕见.

　　对称性也是数学家追求的目标.如代数和微积分中之种种逆运算的建立,都可视为对称美的追求与实际需要相结合的产物.苏联著名的结晶学和几何学家费德洛夫为了解决理论结晶学的基本问题之一,他从对称美的追求和对称性考虑出发,找出了晶体的所有可能的对称式,并舍弃了晶体的全部物理属性,完全抽象地把它当作几何的规则系统加以考察,也就是把原问题转化为一个寻求那些几何物的规则系统的所有可能的对称形式的纯几何问题.费德洛夫最终彻底解决了这个问题,用 32 个点群描述了晶体的宏观对称性.所找出的全部对称形式计有 230 种,进而用 230 个空间群描述了微观对称性,从而奠定了规则系统理论这一数学分支的基础.对应可以看作是广义的对称,笛卡尔建立了方程与几何图形的对应关系,康托建立了实数与数轴的对应关系,博得数学家的赞美,推动了数学的进展.自然对数的发展也与对称美的考虑密切相关.因为常用对数中的真数 N 与对数 $\lg N$ 的增长表现出明显的不对称,而且真数的增长均匀,而对数的增长却不均匀.由此,从美学的对称性考虑而导致了自然对数的产生.

　　对称性又是数学发现与创造中的重要的美学因素.例如,抽象的群概念与对称性这一美学因素密切相关,对称性的抽象分析在建立群概念方面有着重要意义.它和抽象的网络概念一样,都是从现实世界中看上去互不相干的对象,经过对称的抽象分析而建立起来的.在一定意义上说,射影几何的建立也可看作是考虑对称这一美学因素的一个直接结果.对偶也是一种广义的对称.在射影几何里对偶原理成立,在集合论以及与之同构的逻辑代数中对偶原理也成立.由于对偶原理所反映的已不再是数学对象之间的联系,而是数学定理之间的联系(这就是所谓的元定理),因此,它的重要价值就远远超过了一般的定理,预告着一种新的数学理论—元数学—的诞生,导致了数学观的演变:"数学的研究对象已不再是具体的、特殊的对象,而是抽象的数学结构。"由此可见,对称性已经成为数学研究中的重要美学指导思想.这正如外尔所说:"对称性不管你是按广义还是按狭义来定义,其涵义总有一种多少时代以来人们试图用以领悟和创造秩序、美和完善性的观念。"

3.5 整齐性

整齐也是数学美的法则.所谓整齐,用黑格尔的话说,就是"同一形状的一致重复".函数的周期性,就是这种数学形态美的映照. n 阶行列式是由 n^2 个元素按 n 行, n 列排列成的一个正方形,其排列的整齐,给人一种美的享受.下列自然数项级数的和:

$$(1) \frac{1 \times 2}{2} + \frac{2 \times 3}{2} + \frac{3 \times 4}{2} + \cdots + \frac{n(n+1)}{2} = \frac{1}{6} n(n+1)(n+2)$$

$$(2) 1^2 + 2^2 + 3^2 + \cdots + n^2 = \frac{1}{6} n(n+1)(2n+1)$$

$$(3) 1 \times 2 \times 3 + 2 \times 3 \times 4 + \cdots + n(n+1)(n+2)$$
$$= \frac{1}{4} n(n+1)(n+2)(n+3)$$

$$(4) 1^3 + 2^3 + 3^3 + \cdots + n^3 = \frac{1}{4} n^2 (n+1)^2$$

也表现出一种奇特的整齐性.麦克斯韦用整齐划一的数学形式建立了被誉为"美学上令人满意的麦克斯韦方程组":

$$\nabla \cdot \boldsymbol{D} = \rho_0 \qquad\qquad (1)$$

$$\nabla \cdot \boldsymbol{B} = 0 \qquad\qquad (2)$$

$$\nabla \cdot \boldsymbol{E} = \frac{\partial \boldsymbol{B}}{\partial t} \qquad\qquad (3)$$

$$\nabla \cdot \boldsymbol{H} = \boldsymbol{J} + \frac{\partial \boldsymbol{D}}{\partial t} \qquad\qquad (4)$$

这里值得注意的是第(4)式根据实验结果可以得到: $\nabla \times \boldsymbol{H} = \boldsymbol{J}$,然而它与(3)式比较显得不整齐划一.麦克斯韦以超人的"美学气质",从整齐性这一美学因素考虑,在缺乏任何实验验证情况下,以非凡的勇气刻意将 $\nabla \times \boldsymbol{H} = \boldsymbol{J}$ 修改为 $\nabla \times \boldsymbol{H} = \boldsymbol{J} + \frac{\partial \boldsymbol{D}}{\partial t}$,使得电磁场方程具有优美

的整齐性.结果证实他这样大胆而富有成效地运用"美学"标准来构思物理定律是正确的.当人们一旦领悟了绝妙的麦克斯韦电磁场理论之精髓,便发出了由衷的赞叹!无怪美国物理学家霍夫曼称赞麦克斯韦理论"在审美上是令人满意的、精心证实了的理论".

数学家对整齐美的追求,促进了数学的发展.例如,当人们研究了一元一次方程有一个根,一元二次方程有两个根,一元三次方程有三个根,一元四次方程有四个根之后,就会提出一元 n 次方程有 n 个根的猜想.这一猜想的证实就得到了代数基本定理.人们为什么会提出一元 n 次方程有 n 个根的猜想呢?人们根据特殊方程的研究,发现了根的个数与方程次数的一致性,而人们对于这个一致性(即齐一性)的追求,就把对特殊问题的研究结果推广到一般问题上来.在数学中的各种各样的推广,从数学规律的寻求角度来考虑,正是数学家追求整齐美的结果.从问题表述来考虑,它是数学家追求简单美的结果,因为任何自然的推广使问题减少了假设条件.

3.6 奇异性

奇异性是数学美的一个重要特征.著名数学家徐利治教授说:"奇异是一种美,奇异到极度更是一种美."欧拉(Euler)将数学中的五个有重要意义的数:复数的最基本单位 1 和 i,紧接在 1 后面的一个原始数 2,自然对数的底 e,圆周率 π 用一个式子 $e^{-2\pi i}=1$ 联系起来.如果我们全部用数字写出来就是:$(2.718\cdots)^{-2\times3.14159\cdots\times\sqrt{-1}}=1$.同样,数学研究也指出 $e^{i\pi}=-1$.只要考察一下表示这些关系的要素和运算的性质,就会为这些关系所表示出的高度神秘性和极度的奇异性所倾倒,难道还不能给人一种特别强烈的美的感受吗?拉普拉斯变换的普遍反演公式以复变函数积分的形式得到原函数的形式也显示出一种珍奇的、独特的美.这同非欧几何、δ 函数等等,同属一种"别有洞天"的奇异美.高斯猜想:素数个数的平均分布 $\frac{A_n}{n}$(A_n 表示 $1,2,3,\cdots,n$ 间素数的个数),可用对数函数 $\frac{1}{\ln n}$ 来描述:

$$\frac{A_n}{n}\sim\frac{1}{\ln n}\left(\text{即} \lim_{n\to\infty}\frac{A_n/n}{1/\ln n}=1\right)$$

这是一个十分卓著的发现.人们惊讶的是表面上看来毫无联系的两个

数学概念,竟然如此密切地沟通了起来.我们不能不惊叹宇宙万物的神秘了.为了证实这一优美神奇的猜想,从高斯提出猜想到完全证明,数学家们花了近百年的时间.

奇异性常常与数学反例联系在一起,而反例的得出则往往导致认识的深化和理论的重大发展.例如为了探求函数的定义与连续的关系,就涌现出著名的狄利克雷函数:

$$D(x)=\begin{cases}1,x \text{ 为有理数}\\0,x \text{ 为无理数}\end{cases}$$

这个函数在实轴上处处有定义,但在实轴上却处处不连续.又如在微积分的初期研究中,主要是研究连续函数,人们通过反例 $y=|x|$,$x\in$ **R** 在 **R** 上连续,但在 $x=0$ 不可导,得到了连续未必可导的结论.18 世纪后期的一些数学家认为,连续函数至少在某些点处可以微分,然而德国数学家魏尔斯特拉斯却在 1860 年找到了一个处处连续而又处处不可微的函数.这种奇异的反例的发现,不仅没有影响到函数的连续性概念的研究,相反地,对于函数的连续性概念得到了更为深入的理解,大大地推动了数学分析的发展.后来又有人发现,存在着黎曼可积而又具有无穷多个间断点的函数的反例,黎曼函数

$$f(x)=\begin{cases}\dfrac{1}{q},x=\dfrac{p}{q}(q>0,q,p \text{ 为互质的整数})\\0,x \text{ 为无理数}\end{cases}$$

这无疑也是一个带有奇异色彩的新发现,并在当时产生了一定的影响.一个简单的反例说明一个结论,其构思令人惊叹.难怪美国加利福尼亚大学教授 L·伯斯说:"我觉得数学之所以能成为愉快的职业,在于某些东西突然得到解释,使你恍然大悟的那一会儿工夫."

奇异性往往伴随着数学方法的出现.培根说:"美在于独特而令人惊异,奇异与和谐是对立的统一."数学解题方法的奇异性,与文学中那种奇峰突起的"神来之笔"相似,想法奇巧、怪异,却令人拍案叫绝,体会到一种奇特新颖之美感.例如,已知 $\dfrac{\cos^4\alpha}{\cos^2\beta}+\dfrac{\sin^4\alpha}{\sin^2\beta}=1$,求证 $\dfrac{\cos^4\beta}{\cos^2\alpha}$ $+\dfrac{\sin^4\beta}{\sin^2\alpha}=1$.这是一道常见的数学题,公布的标准答案均较繁琐.但如能"跳出"三角函数或恒等变形的圈子,而用代数变换,则证明就很

简捷.

证明　设 $\sin^2\alpha = x, \sin^2\beta = y, x, y \in (0,1)$，则原式变为

$$\frac{x^2}{y} + \frac{(1-x)^2}{1-y} = 1 \tag{1}$$

则　　　　　　　　$x^2(1-y) + y(1-x)^2 = y(1-y)$

所以　　　　　　　　　　$(x-y)^2 = 0$

$$x = y$$

由此可见，(1)式可改写为 $\dfrac{y^2}{x} + \dfrac{(1-y)^2}{1-x} = 1$，然后再把它代入所设即得

$$\frac{\cos^4\beta}{\cos^2\alpha} + \frac{\sin^4\beta}{\sin^2\alpha} = 1$$

另一个十分有趣的例子是蒲丰(Buffon)别开生面用投针求解圆周率 π 的值. 1777 年的一天, 蒲丰忽发奇想, 把许多宾朋邀请到家里, 做一个叫人感到奇怪的试验. 他把事先画好了一条条有等距离之平行线的白纸铺在桌面上, 又拿出一大把准备好的质量均匀的而长度都是平行线的间距之半的小针, 请客人们把这些小针一根一根地随便扔到纸上. 而蒲丰则在一旁专注观察并计着数, 投完后的统一计数为: 共投 2212 次, 其中与任一平行线相交的有 704 次, 蒲丰又做了个简单除法: $\dfrac{2212}{704} \approx 3.142$, 然后宣布: "这就是圆周率 π 的近似值." 他又说: "不信, 还可再试, 投的次数越多, 越准确." 1901 年, 意大利人拉兹瑞尼 (Lazzerini) 投了 3408 次, 得出的估计值是 3.1415929, 很接近祖冲之的密率. 在当时, 计算圆周率 π 是十分曲折的, 一般都是用计算圆内接或外切正多边形之边长去逼近, 而今竟然和一个表面看来是风马牛不相及的随便投针试验沟通在一起. 岂不令人惊奇, 也叫人难以置信. 然而确是有理论依据的. 因为, 若用 a 表示平行线间距, 则针的长度为 $\dfrac{a}{2}$, 记落下之针的倾斜角为 x, 中点为 M, 而 M 至最近一根平行线的距离为 y (图 3-1), 这时应有

$$0 \leqslant x \leqslant \pi, \ 0 \leqslant y \leqslant \frac{a}{2}$$

这两式确定 xOy 面上一个矩形

S. 另一方面, 针与平行线相交的充要

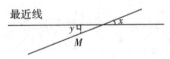

图 3-1

条件是 $y \leqslant \frac{a}{4} \sin x$，这不等式在 S 内决定一个集合 G（图3-2的阴影区），而点 M 落在 G 中的概率为 G 与 S 的面积之比，即设投掷数为 n，相交数为 v，则有 $\frac{v}{n} \approx p = \frac{1}{\pi}$，即 $\frac{n}{v} \approx \pi$. 这就是蒲丰试验之奥秘.

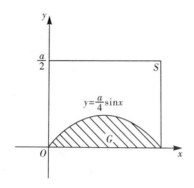

图 3-2

计算 π 的这一方法，不但因其新颖、奇妙而让人叫绝，而且开创了用偶然性方法去作确定性计算的前导，充分显示了数学方法的奇异美，从而促进了刚诞生不久的概率论与数理统计的发展. 时光流逝了二百多年，它仍作为一个经典的问题屹立在概率的理论之中，至今仍给人留下美感. 另一个优美而奇异的例子就是欧拉解决哥尼斯堡七桥问题. 解决的基本步骤无非是把人们步行过桥的问题经过分析，抽象成为一个"一笔画"问题，即把两岸和小岛缩成为四点，把七桥化为七条线，与四点连接得到一个图（图3-3）. 于是，人们企图一次无重复地走过七座桥的问题即等价于一笔画出上述图形的问题.

图 3-3

这样的分析思考方法，就叫作"抽象分析法"或"数学模型法". 这里一笔画问题中的几何图形就是七桥问题的数学模型. 接着欧拉又考察了一笔画的结构特征，立即发现图 3-3 不是一笔能够画出来的图形,从而七桥问题获得解释.解答的奇异之处就在于欧拉出乎意料地借助了直观模型,而且模型简单又较难以发现,构想新奇,突出了本质.这个问题不是几何问题,它没有度量,而是个图论问题.拓扑学和现代图论就发端于此.

奇异性也是数学发现中的重要美学因素.数学领域中的一些新观念的产生,就是来自于数学家们对于数学领域中之奇异美的追求和渴望.印度数学预言家拉马努金(Ramanujan)在他的笔记中给人们留下了 600 条数学公式和恒等式,就跟他的一生一样,给人以不解之谜.沃森(G. N. Watson)一生花了几年工夫证明了拉马努金的许多恒等式.他写道:"研究拉马努金的著作及其引起的问题必然要回忆起 Lame 的评论,当阅读埃尔米特(Hermite)关于模函数的一些文章时,感到毛骨悚然."沃森又写道:"像

$$\int_0^\infty e^{-3\pi x^2}\frac{\sinh\pi x}{\sinh 3\pi x}\mathrm{d}x=\frac{1}{e^{2\pi/3}\sqrt{3}}\sum_{n=0}^\infty e^{-2n(n+1)\pi}\times$$

$$(1+e^{-\pi})^{-2}\times(1+e^{-3\pi})^{-2}\cdots\times$$

$$(1+e^{-(2n+1)\pi})^{-2}$$

这样一个公式给我的震惊的感觉和我踏进 Capelle Medicee 的 Sagresta Nuova,看到我面前由米开朗基罗装饰在 Giuliano de' Medici 和 Lorenzo de' Medici 墓上的'昼''夜''黄昏''黎明'的质朴的美时感到的震惊是难以区分的."可见拉马努金的 600 条数学公式,是充满着奇异与神秘色彩的.那么他对数学领域中之奇异美的追求和渴望的非常程度就更可想而知了.英国数学家哈密顿历时 15 年,终于在 1843 年 10 月 16 日开创性地提出了四元数理论.在这里,关键的一步在于他能奇异地认识到,必须而且可以抛弃乘法交换律.后来人们对他这种大胆而奇异的创新评价说:"四元数代数理论的建立是一个独立宣言,它把代数从自然数及其自然法则的束缚中永远地解放出来了."

伽利略对全体自然数与全体平方数之间能建立起一一对应的发现与人们自古以来认为"全体大于部分"的原则相矛盾.史学家称之为"伽利略悖论".但这个悖论给人以奇异美的感受,刺激人们对无穷集合的研究.戴德金以"能不能与自身的真子集建立一一对应"为标准去划分有穷集合和无穷集合.康托吸收其中的合理内核,把一一对应抽

象为数学中的概念,以此作为衡量集合大小的一把"尺子",从而人们对无穷集合的认识发生了一个质的飞跃,一门新的数学学科——集合论——也就随之产生了.在一定意义上,可以说集合论的产生也是追求奇异美的结果.

突变相对于连续性而言,体现出一种奇异美.对于客观世界一类突变现象的问题,传统微积分和微分方程等都显得无能为力,从而促使人们去创建一种数学理论加以描述和解决.法国数学家雷内·托姆(René Thom)在前人研究的基础上,运用微分映射的奇点理论去研究自然界中这些非连续性突变现象,终于导致突变理论的诞生.后来经过英国数学家齐曼、桑德斯等人努力使其成为数学的一个分支.所谓突变理论就是关于奇点的理论.所谓奇点是相对于正则点而言的,正因为奇点是个别的而显得特别奇异.所以突变理论的出现,发端于对奇异美之追求.

3.7 思辨性

尽管数学分支林立,种类繁多,但是随着新的彻底性概念的建立,新的更高的抽象程度,即使在那些似乎没有共同之处的分支中,都有可能形成共同的、统一的思想基础,从而建立起统一的规律,有机联系与互相渗透.这就是数学的思辨性,它体现了美学中的多样统一的法则.例如,对应(或关系)是带方向性和统一的思想,映射观点现已渗透到一切数学领域.直线上点的全体能与实数的全体构成一一对应(连续的对应),这是大家熟知的.另外三类几何学都有代表这些几何的特征常数 $\frac{1}{k^2}$,而由每一个这样的常数就决定了一种几何学.由此可知,当 $\frac{1}{k^2}$ 为正值时,即 k 为正负实数时,就为黎曼几何学;当 $\frac{1}{k^2}$ 为 0 时,即 k 为无穷大时,就为欧氏几何学;当 $\frac{1}{k^2}$ 为负值,即 k 为虚数 k' 时,就为罗氏几何学,并且一个常数对应一种几何.于是就建立起看起来无关的全体实数和三类几何学的全体以及直线上点的全体之间的连续的一一对应.尤其是彼此有部分矛盾的,看起来完全不同种类的三类几何学,谁能料到它们竟相辅相成,缺一不可地构成了一个大几何学系统.特别是古往今来乃至遥远的将来都是我们最常用的欧氏几何,只仅仅占据了这个系统的唯一一点. 这不正是思辨性的最好例证吗？再如，法国数学家勒贝格(Lebesgue)致力于各种奇异的"病态函数"的研究，终于导致一场积分学的革命. 1902 年建立了一种新的积分——勒贝格积分，一门微积分的延续学科——实变函数论——在勒贝格笔下诞生了. 现在完全成熟了的勒贝格积分，已在泛函分析、概率论、谱理论等方面获得广泛应用，这正好说明思辨性与奇异性是密切相关的，奇异性的结果会导致数学新的进展，而思辨性能引起人们的思索，调动人们的想象，帮助人们对未知事物作深入的理解、把握和预见，促使人们去追求数学中的内在旋律.

四 数学美的一般特征

在这一章,我们从哲学的高度来考察一下数学美的一般特征,这就是数学美的客观性、主观性、社会性、物质性、相对性和绝对性.

4.1 客观性

数学美是客观存在的,"哪里有数,哪里就有美."数学这门古老的学科推动了美学历史的发展,同时也从美学历史的发展中,不断吸取丰富的营养,推动其自身的发展.

英国大哲学家罗素说:"数学,如果正确地看它,不但拥有真理,而且也具有至高的美,正像雕刻的美,是一种冷而严肃的美,这种美不是投合我们天性的微弱的方面,这种美没有绘画或音乐的那样华丽的装饰,它可以纯净到崇高的地步,能够达到严格的只有最伟大的艺术才能显示的那种完美的境地."数学美与艺术美在审美意识上的物态化是有区别的.数学美是一种理性的美,是属于观念形态的.艺术美在审美意识上的物态化是借助于物质形式表现出美的感性形象,这种美的属性不依赖于人的意识活动,是可被意识活动反映的客观存在.这是艺术美的客观性.数学美在审美意识上的物态化是借助于数学美内容和意义的统一性、简单性、对称性等表现出的美的理性因素.这种美的属性,正是客观世界在数学中的一种反映.因此,这种美是经过理性的一种折光.这也是不依赖人的意识活动,而可被意识活动反映的客观存在.这就是数学美的客观性.

客观世界千姿百态,有着多种多样的事物,这多种多样的事物又存在着多种多样的运动形式,但这各种不同的事物又不是杂乱无章的,而是有一定的联系的,都依循着物质本身所固有的规律运动着、变化着、发展着,整个世界统一于物质.这种统一性和多样性是客观事物内在的一对基本矛盾,统一性表现美的和谐性,多样性表现美的丰富性.统一性与多样性的对立统一的矛盾运动推动着客观事物的发展.作为从量的侧面反映客观世界的数学在本质上就是统一的.正是客观世界统一性与多样性的矛盾运动推动着数学完善的形式与完美的内容的不断深化的高度统一的发展.欧几里得集从生产实践发展起来的几何知识的大成,以公理化的方法,编著了《几何原本》这部不朽的巨著,实现了几何学的第一次大统一,成为后人效法公理化方法的楷模.17世纪生产实践的发展,特别是天文学、航海学、弹道学的发展,促使运动力学的发展.正是这一实际的需要,笛卡尔利用坐标的方法,使代数与几何在数学内部达到了横向的统一,建立了解析几何这门崭新的学科.正是笛卡尔引进了坐标概念,一个物体依据一定的规律运动所表现出来的一定的空间形式,就可以从几何上进行概括和抽象,这就是一动点按一定的几何条件运动而成的轨迹.从几何上看,由点可组成线,曲线是由点运动而成的;从代数上看,点对应着数,点运动的轨迹所形成的曲线就通过代数中的变数之间的联系表现在方程之中,从而建立起点与数,点与曲线,数与方程,数与曲线,以及曲线与方程之间的辩证统一关系.笛卡尔证明了所有二次方程,如果作为连续点的轨迹画出来就会是直线、圆、椭圆、双曲线或抛物线,进一步证明了一般的二次方程的图像必定是一个圆锥截线,进而建立了如下事实:每一个方程都给出一种曲线图像.因此每一个方程都可以转化为一个几何图形.反之,每一个几何图形也都可转化为一个方程.这样一来,就把几何图形的直观性同代数方程的可计算性结合起来了.于是,对于一些复杂的、繁琐的几何推理就可以把简单的图形转化为方程,用简洁的代数方法来处理了.当一个抽象的数学计算一时看不出它们之间的内在联系时,可以把它的方程转化为几何图形,从形象的几何图形去想象和推测所要解决的问题.在实践应用时,客观世界中的某一事物的运动和变化就可以从方程和曲线两个方面加以考察.为了计算桥的应力,我们可以把反映桥的几何图形归结为方程去研究.为了获得经验公式,我们往往是在获得一批数字之后,绘出图像,在图像的基础上确定所表达的函数式.如果通过反复实验得到的是同一曲线与方程,那么我们就找到一个规律,获得对解决实际问题在一定范围内适用的经验公式.通过上面的分析,我们可以看出,客观物体运动路线的研究为几何与代数之间的联系提供了客观背景.因此数与形这种统一的美就具有了客观性.数学这种统一美是客观世界的统一性在数学上的映照.

数学的简单性是就逻辑角度而言的.实际上,美也是简单性,只不过它是从美的角度来讲的.罗森在讲到爱因斯坦的工作方法时指出:"他采取的方法和艺术家所用的方法具有某种共同性,他的目的在于求得简单性和美,美在本质上终究是简单性."数学公理化方法的简单性主要体现在逻辑简单性上.逻辑简单性要求公理的选取要满足自明、直观、简单,更高层次上的公理要符合相容性、独立性和完备性.满足上述三性的基本概念和公理应是最原始、最简单的思想规定和对数学客体的高度纯化的抽象.然后从这些原始概念和公理出发,采取演绎的方法,使得该系统内部的公理、定理,通过逻辑的链条组成一个有机的整体.这种公理化方法具有规范化、程序化的特点,而这正是简单性的要求.我们知道,物质运动变化发展的规律性的本身就是简单的,因此,简单性的思想是世界物质运动发展变化规律性的反映,所以从呈现复杂性状态的事物中寻求其固有的简单性是探求其固有规律性的需要.从方法论角度来看,简单性是达到认识事物本质彼岸的途径.作为数学的简单性正是客观世界的简单性在数学上的映照,因此作为数学美的简单性也就体现了它的客观性.

对称美,是一种形式美.数学的对称美是侧重于形式的.圆在各个方向上都是对称的,因此圆是最完美的图形.对偶性原理在数学中有着广泛的应用,它使数学各个分支呈现出均衡对称的完美图案.变换的不变性思想使得传统的定性对称性,获得了对称定量化的描述,使之在数学与其他自然科学中产生了深远而广泛的影响.现实世界到处都存在着对称性.既有轴对称、中心对称和镜像对称等空间对称,又有周期、节奏和旋律的时间对称,还有与时空坐标无关的更为复杂的对称.冬天的雪花呈六角形的轴对称.自古以来,许多宫殿、庙宇、教堂、纪念塔、城门、剧院,都表现出很庄严的镜像对称.24 小时的昼夜循环,在时间上显现出具有周期性的平移对称.一个钟摆的运动,如果略去空气的阻力,则它既具有周期对称性又具有时间的反演对称性.如果一个物体是静止的,则它在任何时间间隔的平移下都是不改变的,也就是说它具有任意时间的平移对称性.各种物体的性质及其运动的不同,除了体现在对空间和时间的描述上,还体现在一些和时间、空间相独立的其他性质上.在物理学中把通过与空间和时间相独立的其他变换所体现的对称性,叫作内部对称性.自然界无论什么样的对称现象,都是与把两种不同的情况相比较分不开的.一个球具有绕球心的旋转对称性,就是把球在转动前和绕球心转某一个角度后这两种情况进行比较而得出的结论.抽象到数学上来,将两种情况通过确定的规则对应起来的关系,就叫作从一种情况到另一种情况的变换.因而对称性就可概括为:如果某一现象在某一变换下不改变,则说某一现象具有该变换所对应的对称性.由此看来,数学的对称性是从客观世界抽象出来的,因此从对称性来看,数学美的客观性就十分显然了.

4.2 主观性

人在数学理论的建造中,所融入进去的是创造者的主观审美意识,这样所形成的数学美就体现了创造者的主观性,这就是数学美的主观性.

牛顿和莱布尼兹之所以以不同的形式发明了微分学,除了与他们的哲学观点、实践经验不同之外,还与他们的审美观点有关.实际上在创造微分的过程中,都融入了他们各自的审美意识.牛顿提出的万有引力定律,可以完美地解释各种天体现象.他找到了物体之间相互作用力的数学公式,证明了引力的普遍存在性.牛顿指出:"数学家的任务就是要找出这种正好能使一个物体在一定轨道上以一定速度运行的力,并且反过来要确定从一定地点以一定速度发射出去的一个物体,由于一定力的作用偏离其原有直线运动而进入的那条曲线路程."正是数学形式与客观世界中运动物体的一致性美学思想,使牛顿引入微分概念时,留下了速度时间的痕迹.牛顿的微分学,后人称之为流数法.牛顿把变量称为"流量",将变量的增长速度称为"流数".牛顿的流数法的实质是按已知流量间的关系来决定流数间的关系.在流数法中,牛顿实质上使用了无穷小量概念,他把无穷小量视作非零的实无穷小量.后来他感到这个概念有点模糊不清,不太美,从此之后就尽量避免使用这一概念了.莱布尼兹认为,我们的世界是最美好的世界,是根据"最大和最小原理"构成的.例如,他论证说,因为自然界总是在一组可供选择的作用过程中选择最容易或最直接的作用过程,一束光线从一种介质进入另一种介质服从斯奈尔定律.莱布尼兹把他发展的微分学应用于光线的"光程难度"是一极小值这种情况,从而推导出斯奈尔定律.他把这一工作中的成功看作是上帝以实现最大限度的"简单性"和"完美性"的方式统治宇宙.莱布尼兹深信宇宙统一的科学美学观,促使了追寻宇宙本质统一性是什么的探讨.经过长时间的研究,莱布尼兹试图找出一种普遍的方法来建立一般的科学.他对于一般特征和普遍语言的寻求,就导致了他对符号逻辑的研究.他对自然科学发展中曾出现过的各种符号,进行长期的研究,反复的实践,筛选出他认为最优美的符号.他正是在最小和最大作用原理以及宇宙统一美的思想指导下,创立了最优美的微分、积分符号.他坚信好的符号有可能大大节省思维劳动,使思路和书写更加美观、紧凑、简洁和有效.因此,使莱布尼兹创造的微分学达到了内容和形式的完美统一.莱布尼兹的审美意识融进到微分学之后,就作为一个数学理论完整地存在了.这时作为数学对象的微分就独立于人的主观意识而存在于数学理论之中.

4.3 社会性

数学美的社会性是指数学美的属性在社会关系中可被社会人类欣赏的属性.主体的人与客体的数学对象的审美关系是通过人的长期社会实践从最初纯粹的功利关系中产生并发展起来的.数学美的社会性,最初体现为数学对象满足社会人类的实用需要,也就满足人的审美需要,能体现人的社会本质力量,也就使人获得对数学对象的美感.例如,人在长期劳动实践中,由于生活的需要,对客观事物的外形经过逐渐的抽象概括而形成了正方形、矩形、圆、三角形、梯形等各种规则的几何图形.这些被概括出来的几何图形又被应用来解决生活、生产实践提出的问题.随着劳动生产力的发展,人征服自然的智慧、才能和力量越来越高,当人们不再仅仅为了满足生活的需要来看待数学的时候,人们便开始从中体验到征服自然的胜利所带来的精神上的愉悦,感受到人征服自然的智慧、才能和力量在数学中的呈现,意识到人能从自然中获得自由,这时数学对人逐渐显出它所具有的美的价值,从而使人们以审美观点去审视数学理论.几何图形是美的,体现在它的规则性和象征性上.几何图形的局部对称和整体重复,线和形的整齐一律和多样变化,给人一种多样统一的和谐感.客观事物外形的规则化,构成了象征性的几何图案.正由于几何图形具有这种美的特征才使它在造型艺术和实用艺术上获得了广泛的应用.例如陶器的花纹,建筑物的构造和装饰,花布的图案等都少不了各种各样的优美的几何图形.人们在与这些美的图形的长期相处中也形成了某种良性的条件反射而具有某种宜人性.圆形使人感到舒适柔和;等腰三角形使人产生安定感;波浪线使人感到轻快流畅;平行线使人感到安定平稳.所有这些都显示出人的自由、自觉创造性的本质,使我们体会到数学的社会化.

再如"黄金分割法",据数学史记载,它是公元前 6 世纪由古希腊的哲学家、数学家毕达哥拉斯及其学派发现的.该学派从数学原则出发,在五角星中发现了黄金分割的数理关系,并以此来解释按这种关系创造的建筑、雕塑等艺术形式美的原因.同时指出,按黄金数分配长宽的矩形是最美的矩形.欧几里得在《几何原本》中对"黄金分割律"进行了证明.他在这本名著第二篇命题 11 中,证明了:分割已知线段,使线段与其中一分段所成矩形等于另一分段上的正方形.

这就是把线段 AB 分于某一点 C,使得 $AB \cdot BC = AC^2$.欧几里得利用图 4-1 和平面几何的面积定理求出了这个分点 C.具体作法如下:

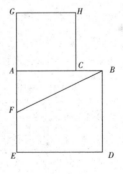

图 4-1

设已给的线段为 AB，作正方形 $ABDE$，令 F 为 AE 的中点．连接 B、F．在 EA 的延长线上取 $FG=FB$．作正方形 $AGHC$．于是 C 就是 AB 上的分点，即 $AB \cdot BC = AC^2$．

设 $AB=1$，$AC=x$，于是 $BC=1-x$，这时上述等式就变成 $1 \cdot (1-x)=x^2$，即

$$x^2+x-1=0$$

解上述一元二次方程，得

$$x=\frac{\sqrt{5}-1}{2} \approx 0.618$$

0.618 就叫作"黄金数"．在文艺复兴时，黄金分割律被视作最神圣的比例，如达·芬奇在《论绘画》一书中指出："美感完全建立在各部分之间神圣的比例关系上，各特征必须同时作用，才能产生使观众如醉如痴的和谐比例．"与达·芬奇同时代的意大利学者帕西奥利认为：世间一切美的事物，都必须服从黄金比这个神妙的比例法则．古希腊的许多建筑物一般都是按这个比例修建的．例如，雅典的巴特农神殿，就是以黄金比例分割来建造神庙的；古希腊时代著名的雕塑米洛斯的维纳斯，从头顶至肚脐的高度与肚脐至脚底高度之比例也十分接近这个黄金数．古埃及修建的胡夫人金字塔，其高度与底边长度也符合这个比例．这些都是古代"人化自然"的表现．后世人也认为在工艺美术和日常用品的长与宽设计中采用这个比例，就能引起美感，令人赏心悦目．德国近代实验美学家费希纳曾根据黄金分割原理作心理学实验，发现在用于实验的几何图形中，最易被人接受的比例关系与黄金分割十分接近．在现代最优化理论中，"黄金数"也有其应用价值，它使我们能合理安排实验，用较少的实验次数找到合适的工艺条件或合理的配方．"黄金分割律"这个名称是 19 世纪德国美学家蔡辛提出来的，他深入研究了这一比例，认为黄金分割无论在艺术，还是在自然中，都是形成美的最佳比例关系．为什么这种"黄金分割律"能成为人们普遍喜爱的一种美的比例关系呢？答案还是只能从人类本身来寻找．无论哪个民族的成年人的躯干部分（即除头、手、腿外），长与宽的平均比值都是非常接近黄金数的．奴隶制的古希腊民族十分崇尚人体美，社会上不少学者、专家研究人体美．正因为这种比例关系在人类长期的社会实践

活动中,与人的特殊生理和心理结构形成了协调关系,使人们特别喜爱这种比例关系.这就足以说明黄金比"打上了人的本质力量的印记",而"这一点只有人才能做到".

当人们以审美观点审视数学时,就开始按照数学美的规律去建造数学,在这时数学美的社会性又体现出满足社会人类审美需要的属性,特别是满足数学家群体审美需要的属性.罗巴切夫斯基(Lobachevsky)、鲍耶(Bolyai)、高斯(Gauss)与黎曼(Riemann)的研究成果,正是因为满足数学家逻辑简单性的审美需要,才突破了欧几里得几何学两千年来在数学上的统治,建立起了在逻辑上完全独立的多种非欧几何.

数学美的社会性还体现在只有社会的人才能感知美,离开了社会的人,就无所谓美不美了.为什么有的人就感觉不到数学美,甚至根本不承认数学中还存在着美呢?原因就在于数学美难以被人们所感受与认识.数学研究主要是以理解为主的抽象思维,仅由抽象思维所构成的美感具体形态,称为纯粹的抽象美感.无疑,数学美实质上就是一种纯粹的抽象美感.这种抽象美感的发生依赖于人们抽象思维的审美功能和建立相应的审美心理结构.这种心理结构的两个要素是能充分理解特定抽象事物的抽象思维能力(即数学修养)和对于这事物的欣赏态度,而这两个要素并非大多数人所具有的.

其实抽象思维能力也是人的本质力量之一,它的发展是人类长期社会实践的结果,同时又是认识世界、改造世界的一种能力.它在考察现象、概括本质、探求规律、设计未来等方面的强大力量,使人们认识到了自己本质力量的高度自由.抽象思维所创造的数学成果,也使人们得以从中反观自身的自由本质力量.因此,使人们发生一种象征性的自由感,即美感.这就是抽象思维之所以具有审美功能以及数学美感得以发生的内在根据.

4.4 物质性

数学美不能以空的形态出现,它要有附体,要有内容,这就是它的物质属性.如同舞蹈美离不开动作,即由此而构成的"舞蹈语言";音乐美离不开声音、节奏、旋律,即由此而构成的"音乐语言"一样,数学美离不开由客观物质抽象出的量和空间形式,即由此而构成的数学语言.马克思曾说:"语言是思想的直接现实."这就是说,语言是思想赖以存在的物质外壳.但表达的内容却是属于精神的.数学中的统一、简单、对称、新奇,这些美的特征就是运用这种物质外壳——数学语言——塑造的数学理论显现出来的.因此,我们认为"自然人化"的内容只是构成数学美的内容方面的因素.它必须通过作为构成数学美的形式因素的物质属性才能显现出来,所以数学美既具有社会性,又具有物质属性,它是社会属性与物质属性的有机统一.

数学美的形式之所以是物质的,是因为它是由一定物质因素构成的.其一是数学美的形式反映了物质运动所形成的有规律的东西,如比例对称、匀称、周期等.黄金分割是一个抽象的数学概念.我们说黄金分割最美,是指美的规律本身,这个抽象数字与客观世界有许许多多的直接和间接联系.前面我们已经谈了一些例子,这里再举几个.音乐会上的报幕员,站在舞台长的黄金分割点上,下面的观众看起来就很匀称,传播出的声音也最好听.二胡上的"千斤"放在黄金分割点的位置,音色最佳,听起来最悦耳.如果我们仔细观察植物的生长,就可发现,从植物嫩枝的顶端往下,叶子的排列成一对数螺旋线,而叶子在螺旋线的距离正好符合黄金分割律.由此看来,黄金分割是蕴藏在客观世界深层次上的内部规律,这种神奇结构的附体就是客观物质.再如,麦克斯韦运用偏微分方程和矢量代数的方法给出了具有完美对称形式的如下方程组:

微分方程　　　　　积分方程

$$\begin{cases} \nabla \cdot \boldsymbol{E} = 4\pi \boldsymbol{\rho} \\ \nabla \cdot \boldsymbol{B} = 0 \\ \nabla \times \boldsymbol{E} + \dfrac{1}{C}\dfrac{\partial \boldsymbol{B}}{\partial t} = 0 \\ \nabla \times \boldsymbol{B} - \dfrac{1}{C}\dfrac{\partial \boldsymbol{E}}{\partial t} = \dfrac{4\pi}{C}\boldsymbol{j} \end{cases} \Rightarrow \begin{cases} \oiint \boldsymbol{E} \cdot \mathrm{d}\boldsymbol{\sigma} = 4\pi \boldsymbol{Q} \\ \oiint \boldsymbol{B} \cdot \mathrm{d}\boldsymbol{\sigma} = 0 \\ \oint \boldsymbol{E} \cdot \mathrm{d}e = -\dfrac{1}{C}\iint \dfrac{\partial \boldsymbol{B}}{\partial t} \cdot \mathrm{d}\boldsymbol{\sigma} \\ \oint \boldsymbol{B} \cdot \mathrm{d}e = \dfrac{4\pi}{C}I + \dfrac{1}{C}\iint \dfrac{\partial \boldsymbol{E}}{\partial t} \cdot \mathrm{d}\boldsymbol{\sigma} \end{cases}$$

这组美妙的方程组使人赏心悦目,它反映了客观世界的物质规律,揭示了现实物理世界的对称美,蕴涵了洛伦兹不变性的物理学对称原理,确定了电荷、电流、电场、磁场之间的关系,精确地描述了电磁现象.

其二是许多数学美的形式是客观事物外观形式抽象的结果.例如,几何图形具有规则性和象征性的数学美的特征,是由人在长期的劳动实践中对客观事物外形的抽象而形成的.花是美的,通过坐标法,用代数方程表示花的外部轮廓线,就使一些方程获得了富有诗意的美称:

$$x^3+y^3=3axy——茉莉花瓣$$

$$\rho=a\sin n\theta, \rho=a\cos n\theta——玫瑰花瓣$$

4.5 相对性

数学美在不同主客观条件中不断变化发展的相对标准,就是数学美的相对性.

数学理论的美是人的思维结构的美和客观自然界美的对立统一.这种对立统一是一个长期的、历史发展的过程.人的思维对于自然界美的反映,也是一个无止境的过程.人的思维对于自然界的美从量的侧面进行反映,就形成了数学美,因此,数学美也是一个无止境的过程.由于人的认识受到主客观各种条件的限制,我们对客观自然界美的主观认识不可能与客观对象的美完全一致,只能大致地符合,这就决定了人们对自然界美的认识只能是一个不断修正的过程.每经过一次修正,主客体之间的审美关系就会变得更加协调一些.正由于此,在历史一定阶段上所说的数学美只具有相对意义下的数学美.下面我们以公理化方法发展的三个阶段来阐述这一问题.

在数学历史上,第一次系统地应用公理化方法的是古希腊著名数学家欧几里得,他集前人之大成,精心选择一组公设和公理,用严格的演绎方法推演出一个庞大的几何体系,写出了13卷《几何原本》.《几何原本》一书,整理、总结和发展了希腊古典时期的大量数学知识,在数学发展史上竖立了一座不朽的丰碑.这本书标志着公理学的产生,为后人树立了一个科学著作的美学典范,欧几里得所使用的数学美学方法,成为后人效法的楷模.两千年来,几乎所有的哲学家和数学家都认为欧几里得几何是完美无瑕的,但从现代公理方法的观点来看,欧氏几何的完美是相对的.事实上,欧几里得几何还有很多不完美的地方,其中存在着许多严重缺点.第一是用了叠合法来证全等,这里运用了运动的概念,而这一概念的运用是没有逻辑依据的.一个图形从一个地方移到另一个地方,这需要假定其图形的性质不变才行.第二是定义不恰当,关于点、线、面的定义没有明确的涵义,其实这些概念应当是不定义的原始概念.有些概念含混不清,如第五卷比例论中的一些定义.第三是引用了从未提出的假定,例如,在命题 1 的证明里假定了两圆有一公共点.第四是证明不够严格,有的证明错了,有的用特殊代替了一般,有的依赖于感性直观,缺乏数学的严格推导.

1899 年,德国数学家希尔伯特的《几何基础》一书,给出了欧氏几何的一个形式公理系统,解决了公理化方法的一些逻辑理论问题,从而使公理化方法更加完美.希尔伯特首先列出了不加定义的概念,然后把公理分成五组,这五组公理为联结公理、顺序公理、叠合公理、平行公理、连续公理.接着从逻辑的角度,把公理系统考虑为一个相应的有机整体,这就是公理系统必须满足的三个条件:相容性、独立性、完备性.希尔伯特在实数的算术理论中为欧氏几何构造一个模型,在此模型中五组公理全真.因此,如果实数算术是无矛盾的,则欧氏几何也是无矛盾的.这就证明了欧氏几何对实数算术的相对无矛盾性.他用克莱因的一个非欧几何模型,证明了平行公理对此模型为假,而其他四组公理对此模型为真,这就说明了平行公理独立于其他公理.希尔伯特在《几何基础》中给出的这种模型化方法既可以证明公理的相对无矛盾性,也可以证明某一公理对其他公理的独立性,这就把公理化建立在更为和谐的基础上.因此,在《几何基础》中应用的形式公理化方法比欧氏几何用的实质公理化方法更加优美.

形式公理化方法是否就是绝对优美呢?这也是相对的.这一方法对于与实际结合比较密切的数学学科,不但不显得优美,反而显得那样的不合拍,就是对于纯粹的抽象数学学科来说,公理系统的三性要求在理论上也是难于完全满足的.我们知道,为了证明非欧几何的无矛盾性,我们给它找一个欧氏几何的模型,而为了证明欧氏几何的无矛盾性,希尔伯特给它找了一个实数算术模型.为了证明实数算术的无矛盾性又需要找一个集合论模型.这样一来,用模型方法证明公理系统的无矛盾性问题最后都归结为证明集合论的无矛盾性.如何证明集合论的无矛盾性呢？如果到其他数学分支去找模型,这就产生了循环,因此这条途径走不通.如果到客观世界去找,这条途径也走不通.是否能从集合论本身来阐明无矛盾性呢？这也行不通.因为 19 世纪在集合论中发现了"悖论",这就说明,即使像集合这种明显的概念,也不能保证建立在它之上的公理系统的无矛盾性.为了在数学上排除悖论,就要设法绝对地证明数学的无矛盾性,使数学奠定在严格的公理化的基础上.为了达到这一目的,1922 年希尔伯特提出了著名的规划:将各门数学形式化,构成形式系统,然后导出全部数学的无矛盾性.希尔伯特正是在这一规划中处理数学基础问题时,在形式化研究方法和证明论中将形式化公理方法进一步符号化或纯粹形式化,使之公理化方法的优美程度又提高了,但这仍然不是完美无缺的.它的美仍然是相对的.事实上,哥德尔不完全性定理已经指出:即使把初等数学形式化之后,在这个形式演绎系统中,总存在一个命题,在该系统内既不能证明命题为真,也不能证明其为假.这就是说公理化发展到第三阶段——公理化方法的形式化阶段,它所表现出的数学美仍然是相对的.

数学美总是从数学内部各部分之间和不同数学对象之间的比较关系中看出的,任何一种数学对象都可以在与其他数学对象的比较中看出它是美还是不美.从对称角度来考察圆与等边三角形,圆是美的.而等边三角形与等腰三角形相比,等边三角形又是美的.各种几何图形组合成的图案可能显得十分优美,如果单独来考察某一个几何图形就不一定美了.

4.6 绝对性

数学美的绝对性是指数学美的内涵和标准具有普遍性和永恒性.科学的反映论认为数学美是随着数学历史的发展而不断变化的,又是有所继承的.既有相对性,又有绝对性.数学美的相对性中包含着数学美的绝对性的内容,所以数学的相对美的历史长河,组成了数学理论的绝对美.数学美如同人们对世界认识的真理性一样,在人类历史发展过程中,都经历着一个由相对到绝对的辩证过程.同样,绝对美的长河,是由无数相对美构成的,所以无数相对美的数学理论的总和,就是数学的绝对美.

我们认为数学理论的美既不是客观事物与其客观规律本身,也非人的思维和思维本身,而是人的数学思维的美和自然界客观规律美的对立统一.由于这种对立统一是长期的、历史的过程,所以人的思维对于自然界规律美的反映,显然也是一个无止境的过程.而人的数学思维对于自然界规律之反映,形成了数学理论美.因此数学理论的美也是一个无止境的过程.又由于自然界在不断地运动、变化、发展着,所以它的客观规律存在着的美,也处于运动的永恒过程之中,这样,数学理论只有顺应自然界的发展变化规律之美,才有可能具有相对美的意义.数学理论的美与自然界规律之美,就像是双曲函数中的两臂与其两条渐近线一样,几乎同步地向前延伸,彼此不断接近,然而永远不会重合.这种不能重合的特性,反映了自然界绝对存在的美,以及人的思维对这种绝对美的反映而形成的数学理论之美是两种不同类型的美.可是这两种美在不同的运动过程中具有同一性.譬如,对于优美的数学理论的标准,人类在世代继承下,有了一致的认识,这些标准就是统一性、简单性、对称性、完备性.这就是两种美的同一性的反映.这也在一定程度上体现了数学美的绝对性.这种同一性,也就是许多美学家都探讨过的共同美的问题.其实,美的绝对性的问题,也就是共同美的问题.总之,相对美向着绝对美的方向不停地前进着、发展着.例如,欧几里得几何体系体现了公理化方法的相对美,但它又包含了公理化方法绝对美的内容.正由于如此,才使这一方法越来越完美,并且这一方法在数学科学甚至整个科学中起着越来越重要的作用,也就越来越向绝对美迈进.正如列宁所说:"人的思维按其本性是能够给我们提供并且正在提供由相对真理的总和所构成的绝对真理的.科学发展的每一阶段,都在给这个相对真理的总和增添新的一粟,可是每一个科学原理的真理的界限都是相对的,它随着知识的增加时而扩张、时而缩小."数学中"无限"的历史证实了列宁这一论断,也给我们提供了无数相对美的总和构成数学的绝对美的典型事例.

无限概念是包含着矛盾的.翻开数学史就可知道,像无限大、无限小、无限集合、无限序数和无穷级数渗入数学后,通过人们的思维加工,形成了数学中的潜无限与实无限概念.把"无限"看成永远在延伸着的（即不断在创造着的永远完成不了的）变程或进程的称为潜无限；把"无限"对象看成可以自我完成的过程或无穷整体的称为实无限. 因此，数学中无限的历史实际是潜无限与实无限在数学中合理性的历史.

随着希腊"智者"安纳萨戈拉斯（Anaxagoras）受"化圆为方"问题的启发，认为客观事物都是无限可分的. 从这种最早的潜无限思想进入数学开始，直到黑暗的中世纪结束为止，数学上潜无限都是占优势的. 这一漫长的岁月中，希腊的欧多克索斯（Eudoxus）和阿基米德（Archimedes）的"穷竭法"；中国战国时代的《庄子》一书中最脍炙人口的"一尺之棰"说；三国时代的刘徽的"割圆术"；南北朝时期祖冲之的《缀术》，使古代潜无限思想达到高峰，都体现出"潜无限"的相对美.

与潜无限同时产生的孪生兄弟——实无限，在中国《庄子》一书中有"至大无外，谓之大一；至小无内，谓之小一"之说. 这里，所谓"大一"就是实无限大；所谓"小一"，显然是实无限小. 古希腊德谟克利特（Democritus）的"原子论"就是数学中的实无限小. 柏拉图的"理念世界"成了后来数学中实无限小的哲学根据. 然而，芝诺（Zeno）的四个悖论，揭露了两种无限之间无法克服的矛盾. 亚里士多德历史上第一次明确地只承认潜无限而反对实无限，使实无限在古希腊数学中一直处于劣势.

在古罗马与欧洲中世纪这段相当长的时期内，由于普洛克拉斯关于"一个无限大等于两个无限大"的悖论以及其他学者推出的"两同心圆，周长相等"的悖论，使人们进一步放弃实无限. 所以，中世纪之前实无限几乎无所作为. 直到欧洲文艺复兴的兴起，新兴资产阶级为了反对封建贵族，拿起柏拉图的哲学作为思想武器，喊出了"让柏拉图回来"的口号. 这样，柏拉图的实无限思想才得到了重视与应用，从而开始了"实无限"在数学中长达三个世纪的统治. 资本主义上升时期，也是科技的迅速发展时期. 科技的发展涉及无限的有两类问题：其一是"求积问题". 16、17 世纪的科学家提出种种解决方法. 其中主要是以荷兰力学家斯蒂文（Steven）为代表，对阿基米德"穷竭法"进行改造，如取消反证法等. 以德国天文学家开普勒为代表提出的"同维无穷小法". 伽利略的学生卡瓦列利（Cavalieri）和托里拆利（Torricelli）提出的"不可分元法".这些方法的基本思想都立足于实无穷小的计算.其二是"微分问题".数学家也提出种种不同的方法,主要的有笛卡尔的"重根法"作切线、费马"用无穷小"作切线、罗贝瓦尔(Roberval)的"合成速度"作切线,以及帕斯卡和巴罗(Barrow)为代表的"微分三角形"作切线等,这些方法的基本思想都利用了实无限小.17 世纪后半期产生的牛顿和莱布尼兹的微积分,也是以实无限小为基础的,所以当时的微积分又称为"无穷小分析".无论是"求积问题"还是"微分问题"所产生的种种方法,都体现出了"实无限"思想的相对美.无怪人们把微积分形容为一支关于"无穷的交响乐".牛顿和莱布尼兹的微积分把实无限的应用推到空前高峰,所以 16、17 世纪是实无限的黄金时期.

以实无限为基础的微积分改变了传统数学的面貌,成为这一时期"人类精神的最高胜利".但是好景不长,由于无限小作为一个数学概念,在逻辑上暴露出致命的缺点,于是产生了 18 世纪微积分基础的危机,直接威胁着微积分的生存.在无限大方面,伽利略又发现了"部分等于全体"的悖论.看来无限小、无限大以及无穷级数进入数学使数学乱了套.数学之王高斯明确地宣布:"我反对把一个无限量当作实体,这在数学中从来也不允许."高斯的权威地位,使他的意见成了当时对实无限的终审.牛顿时代受到重用的实无限,高斯时代又把它抛弃了.1787 年拉克鲁瓦(Lacroix)的专著《微分学和积分学论著》的出版,为潜无限代替实无限作了"鸣锣开道".1817 年的波尔查诺(Bolzano)著作《关于方程在每两个给出相反结果的值之间,至少有一个实根的定理的纯粹解析的证明》的问世,则是潜无限正式进入数学殿堂的标志.而潜无限完全取代实无限的工作却是由柯西(Cauchy)完成的.柯西通过极限即潜无限所建立的微分体系彻底推翻了实无限 300 年之久的统治.所以,从 18 世纪末到 19 世纪约一百年的时间内,主要是数学的潜无限时期.拉克鲁瓦、波尔查诺的著作,柯西的微积分体系,都为潜无限的相对美增添了色彩.

实无限概念在数学上虽然由来已久,但是,由于承认实无限同承认传统的"部分小于全体"不可兼得,所以又将实无限抛弃.戴德金与康托比较清楚地意识到"部分小于全体"是有限的重要性质,不能要求无限也应具有.戴德金首次用一一对应方法对无限与有限作了严格区分,得到了超穷集与有限集的概念.康托进一步用大量事实说明,数学离不开实无限.他坚持用一一对应方法,最后证明了$n(n \geqslant 2)$维空间的点能同直线上的点一一对应!进而,康托构造出超穷基数序列,丰富了人们对无限的认识.希尔伯特把康托的超穷理论誉为"数学思想的最惊人的产物".

实无限小,由于柯西微积分理论的出现,在数学中销声匿迹100年,又时来运转.1960年,德国鲁宾逊(Robinson)提出无限大和无限小作为"数",构成数学的框架.随着他1961年题为《非标准分析》一文的发表,无限小作为"数"堂而皇之地进入了数学殿堂.所以非标准分析的产生,为实无限小获得了新的严格的逻辑定义,使之在数学中有了用武之地.可见不论是戴德金的无限集概念、康托的超穷理论,还是鲁宾逊的非标准分析,无疑都是实无限的相对美中的粒粒瑰宝.

以无穷集合与超穷数为研究对象的集合论,在20世纪,由于集合论悖论相继产生,尤其是罗素悖论的产生震撼了西方数学界和哲学界.以这一悖论为标志产生了数学基础的严重危机.但悖论同实无限有直接关系,所以实无限在数学中的合理性,又再次提上议事日程.这时期的数学家从各自对数学本质的理解出发,对无限采取了不同的立场.现代直觉主义者布劳威尔(Brouwer)和外尔是潜无限派;逻辑主义学派的罗素、现代柏拉图主义者贝尔奈斯(Bernays)和哥德尔,形式公理学派的希尔伯特,均属于实无限派.而现代形式主义者认为无穷集合客观上是不存在的,它们只是一种有用的虚构.

其实,潜无限是对一个个具体的有限的否定,实无限作为完成了的整体又是对潜无限的否定.所以无限的发展总是遵循"有限—潜无限—实无限"这样一个否定之否定的规律发展的,所以无限性本身就是矛盾.任何无限性对象,包括作为数学思维对象的任何无限过程或无限总体皆为潜无限与实无限的对立统一体.潜无限与实无限乃是一个矛盾的两个侧面,二者既是对立的又是互相渗透、互相依存而不可分离的统一体.因而,徐利治教授曾以自然数序列为例,在《略论近代数学流派的无限观和方法论》一文中提出了数学上的"双相无限"概念,并明确指出:"两个无限概念只不过是对同一个无限性对象(如自然数序列)的两个侧面的摹写或反映."实际上,既不存在没有潜无限的实无限,也不存在没有实无限的潜无限.只要略作深入分析即可发现,数学上的每一种无限过程,本质上都是双相无限.无疑徐先生的"双相无限"论,给数学中无限的相对美的总和加上了一粒闪光的珍珠.所有这些潜无限、实无限、双相无限的种种理论和方法,都是数学中"无限"的绝对美的历史长河中闪着相对美之光的水滴.无数的这些相对美水滴的总和,就是"无限"的绝对美——真正的科学意义上的共同美的长河.

五 数学美的地位和作用

　　科学美学思想对科学理论的评价和自然科学的发展都有一定的方法论的作用. 数学美是科学美的皇后, 它除了对数学本身起到方法论的作用外, 对其他科学也起到重要的方法论的作用. 数学美学理想是数学研究最有力、最高尚的动机. 具有这种理想的人, 对数学能够表现出极大的热忱和献身精神, 当获得数学和谐的成果时, 会产生难以言状的狂喜. 对数学美的执迷追求, 成为其生活、工作的准则. 在这种理想的指引下, 数学家可把一切物质享受、私心杂念抛在九霄云外, 而把自己的一生陶醉于数学理论的探求之中. 数学家的审美理想、审美能力在数学研究中起着重要的作用.

5.1 数学美对自然科学的作用

　　数学家的创造发明从数学美那里得到契机, 其他自然科学家的科学发现也需要数学美的启迪. 例如, 英国著名物理学家狄拉克认为他的科学发现, 都得力于对数学美的追求. 1927 年, 狄拉克对于相对论电子波动方程的探讨开始完全出于数学形式美的动机. 他在回忆自己当年的探索动机时说: "由此所得到的电子的波动方程被证明是非常成功的. 它导出了自旋和磁矩的正确性, 这是完全出乎意料的. 这个工作完全得力于对美妙数学的探索, 丝毫也没有想过要给出电子的这种物理性质." 狄拉克出于数学上的对称美的考虑, 于 1931 年大胆地提出了反物质的假说, 认为真空中的反电子就是正电子. 1932 年, 美国物理学家安德逊 (Anderson) 在宇宙线中发现了正电子, 使得狄拉克假说从数学形式的美终于变成了物理世界的真. 狄拉克还根据数学对称美提出了磁单极子的假说, 他说: "美妙数学的另一个例子导致了磁单极子的概念,在我做这件事时,本想对精细结构常数 $\frac{hc}{e^2}$ 作出某种解释,但失败了. 数学执拗地引向了磁单极子. 从理论的观点来看,由于数学的美,我们应该设想磁单极子存在."

从数学美的完美程度还可以判断自然科学理论的真理性程度. 狄拉克对麦克斯韦方程组的批判,首先从考察这组方程数学美的形式出发;然后准确地估量它的缺点,指出它数学形式不够完美的地方;再设法从数学上修正这些不完美的地方;最后,再对改进的方程尽力解释其物理意义,在现实世界中寻求其对应物. 狄拉克认为,相对论的数学特征是非欧几何,而量子力学的数学特征是非交换代数,这样根据数学上的完美程度,就可大致估计理论物理发展所达到的水平.

物理学大师爱因斯坦的科学研究,也从数学美中得到不少启发. 他认为:"理论科学家在他探索理论时,就不得不愈来愈听从纯粹数学的形式的考虑,因为实验家的物理经验不能把他提高到最抽象的领域中去."作为思维产物的自然科学,很难评价其审美价值. 如果这种思维产物伴随着数学形式出现,就很容易判断出它的美或不美. 因此数学美就成为物理理论美学价值大小的一个重要标志. 可见数学美学在科学美学中占有重要的地位,它成为评价科学理论的一个重要标志之一. 下面我们论述数学美在数学理论的评价及数学发现中的作用,并阐述数学中真善美的统一.

5.2 数学美是评价数学理论的重要标志

在反映客观世界的规律时,人们可以用不同的方法,建立起不同的数学理论体系. 在这众多的理论体系之中,经过历史的进程,有的被淘汰,有的被流传下来,有的得到进一步的发展. 是什么原因使有的理论流传,有的被淘汰呢? 这就是数学美学功能作用的结果. 数学美学原则应该是理论选择的重要依据,如果某一数学理论符合数学美的一系列美学标准,那么这个理论就有更大的生命力,它就能得到流传和发展,否则就被遗弃、淘汰.

统一性和简单性是评价数学理论的两个重要美学标准. 如果能够从某个学科领域找到最少量的原始概念和原始命题,并且由此出发,可以用逻辑演绎的方法导出这一学科领域的一切概念和一切命题,那么这些原始概念和原始命题对于这门学科来说,就是数学家寻求这门学科统一的基础,也是数学家所追求美的境界.例如,数系就有不同的理论体系,对这不同的理论体系,可用数学美的标准去衡量.由于生活和生产的需要,人们开始了数数,在数数的过程中产生了整数.由于生产的发展以及从数学运算封闭性的考虑,又产生了分数、有理数、实数等.在历史上发展起来的各种数系,从它的产生和发展来看,很不相同.为了把数系统一起来,数学家发表了各种不同的统一方案,这也就产生了各种不同的数系理论.在这众多的理论体系中,人们可以从审美价值来评价哪种统一方案较好.这里我们来看看日本数学家米山国藏建立数系的方法.他仅以"一个对象"和"两种运算"为基础,从自然数开始,始终用一种方法和严格的论述,一步一步地构造出新数,从而建立起了一座庄严美丽、雄伟整齐的数学大厦.具体说来,他首先考虑任意两个自然数 a,b 构成一个数对 (a,b),且作如下定义:

定义 A 对两数 (a,b),(a',b'),当且仅当 $a+b'=a'+b$ 成立时,称它们相等.

定义 B 当 $a+b'$ 大于 $a'+b$ 时,称 (a,b) 大于 (a',b');当 $a+b'$ 小于 $a'+b$ 时,称 (a,b) 小于 (a',b').

再给出两个运算公设:

公设 1 $(a,b)\oplus(a',b')=(a+a',b+b')$

公设 2 $(a,b)\otimes(a',b')=(aa'+bb',ab'+ba')$

因 a,a',b,b' 是自然数,故 $a+a',b+b',aa'+bb',ab'+ba'$ 也是自然数,从而由公设可得到:

定理 (a,b),(a',b') 表示新数系的任意两个数时,它们之和 $\{(a,b)\oplus(a',b')\}$ 以及积 $\{(a,b)\otimes(a',b')\}$ 也仍然是新数系中的数.

这样一来,我们可选取两个自然数作为基础数,按上述方法,就可以作成自然数系.利用自然数系中的数,按照上面相同的构造方法,构造出新数,从而作成整数系.这样一步一步地构造出有理数、实数、复数、四元数系、超四元数系和交互数系.

采用上述方法建立起来的数系,使用着统一的方法,这是一种统一美.出发点只有"一个对象"和"两个基础运算",以此作为数系大厦的根基,这显示出了数学的简单美.

概率论是一个古老的学科,由于人们对概率概念的不同理解,因此所建立起的理论体系也不完全一样.在这些理论体系中,最使人着迷的是柯尔莫哥洛夫(Колмогоров)建立在公理集合论上的概率论体系.这个理论体系显示出了数学的统一美和简单美,从而把概率论建立在一个严格的逻辑基础上,给人以美的享受,建立在这样优美基础上的概率论得到了进一步的发展,产生了许多新的分支.

拉格朗日和伽罗华(Galois)把群论建立在直观假设的基础上,后来的数学家把群论建立在公理的基础上,找出了优美的、少而简单的公设作为出发点.在这一过程中,凯利(Cayley)于1849年提出过抽象群,但鲜为人知.他还于1878年给有限群下了一个抽象的定义,成为抽象代数的创始人.亨廷顿(Huntington)等人于20世纪初给出了抽象群的种种独立公理系统.从而,整个群论可由如下定义推出.

定义 1 群 G 是元素的集合,假如对于 G 的任意两个元素 x,y,有积 xy 且满足条件:

(1) 乘法是可结合的:$x(yz)=(xy)z$,对一切 $x,y,z \in G$;

(2) 对任意两个元素 $a,b \in G$,存在 $x,y \in G$,使 $xa=b$ 与 $ay=b$.

类似地,亨廷顿以少而简单的公设奠定了域论的基础.整个域论可由如下定义推出.

定义 2 域是元素的集合 F,假如对于 F 的任意两个元素 x,y,存在和 $x+y$ 与积 xy,且满足以下条件:

(1)加法与乘法是可交换的:
$$x+y=y+x \quad 与 \quad xy=yx, \quad 对一切 \ x,y \in F$$

(2)加法与乘法是可结合的:
$$x+(y+z)=(x+y)+z \quad 与 \quad x(yz)=(xy)z$$
$$对一切 \ x,y,z \in F$$

(3)乘法关于和是可分配的:
$$x(y+z)=xy+xz, \quad 对一切 \ x,y,z \in F$$

(4)对任何 $a,b \in F$,存在 $x \in F$,使 $a+x=b$.

(5)如果 $a+b \neq a$,那么存在 $y \in F$,使 $ay=b$.

群、域这种统一简单的美,被今天的数学家普遍地接受下来,在这个牢固的根基上,不断地丰富其内容.

数学语言是了解大自然的优美结构、和谐规律不可缺少的工具，它是构成数学理论的基本材料。运用符号语言，计算简便，论证明了。1634 年，Herigone 提出："我已经创造了一种论证的新方法，它简单明了，又无须任何语言。"这指的就是符号方法。1700 年，莱布尼兹就预见到符号方法在数学中的作用。他说，符号方法可能"对推理增加的威力大大超过光学仪器对视力的辅助作用"，正由于此，他在微积分中创造了强有力的符号，一直流传至今。1889 年以来，皮亚诺使符号方法得到了惊人的发展。他指出："数学的一切进步都是对引入符号的反应……在两种符号体系中，符号用得较少的一般是更可取的。但是符号方法的基本用途是便于计算。"由此看来，恰当选用数学符号，运用确切的数学语言来阐明数学理论，就能使数学理论简洁优美。

5.3 数学美是数学发展的内驱动力

冯·诺依曼在研究数学家的数学创造活动时，注意到数学美与数学创造的过程和方法有着密切的联系。他说："归结到关键的论点：我认为数学家无论是选择题材还是判断成功的标准主要都是美学的。"可惜的是，由抽象思维所构成的"纯粹的抽象美感"，在人类审美活动中应有的地位一直没有得到传统美学的承认，人类更不愿承认对数学美的追求是数学研究与数学发展的深层动力。

数学发展的历史表明，任何一种数学理论大致经历着：经验数学、论证数学、纯理性数学三个不同的层次。同时也就伴随着三种不同层次的数学发展动力，它们各自在数学发展的三个层次中起着不同的作用。

第一层次的数学和其他自然科学一样，无疑是出于人类实践的需要，因此，它显然是在经验和直觉的基础上建立起来的"经验数学"。最好的例证应该是几何。古代人类具有的几何学知识全部是从经验中得到的东西，他们从直接经验中归纳地发现了许许多多几何学定理，而不是通过逻辑地、抽象地考察得到它们的。除去别的一切根据，"几何"这个名称的希腊文本意是"测地术"，也就表明了这一点。不言而喻，促使初等几何、初等代数、三角等古老学科产生的最初的数学问题，是人们的生产和日常生活实践提供的。不仅如此，就是在近、现代数学中，也有不少分支学科是在回答实践提出的问题的基础上逐渐萌发、孕育起来的.譬如微积分明显地来源于经验.开普勒在积分学方面的一些初步尝试,是作为测量酒桶容积的"量积术"而开始的.微积分的主要发现者之一的牛顿,他发明的"流数法",主要是为了力学上的需要之目的,所以有着清楚的物理学渊源.又如线路拓扑学就是从哥尼斯堡七桥问题和凸多面体面、顶、棱问题这些实践问题萌发起来的.由此可见,"经验数学"的发展动力是社会实践与数学理论之间的矛盾.这种动力能促使新的数学理论的萌芽、孕育与发展.因为它能提供不少数学分支学科所需要解决的问题的事实根据,从而指示新的数学理论发展的方向.这是数学发展的根本动力.但是我们必须承认,它对于高度抽象的数学理论的推动作用是有一定限度的,所以它又是一个在低层次上推动数学发展的动力.

第二层次的数学是由于人类理性的发展,追求学术上的一般性与要求证明的严密性,而导致在逻辑的基础上建立起来的"论证数学"."论证数学"有着脱离经验主义的非经验化特征,但又始终保留着经验主义的影子.反映在大多数的数学概念,只不过是以经验和物质的要素为背景的模糊说法,并且在定理的逻辑证明中,也有着以经验和直观为背景的非逻辑的证明.可以说"论证数学"是一种由经验数学向纯理性数学的过渡阶段.欧几里得的《几何原本》从公设出发的处理方法,标志着脱离经验主义的伟大的一步,但绝非造成数学与经验分离的决定性的最后一步.因为其中自始至终还存在着经验的刺激因素,这一点在下面的事实中得到证实:为什么欧几里得的全体公设中,只有第五公设的独立性引起人们怀疑(似乎欧几里得本人也是这样,因为他应用第五公设的次数最少)?主要原因是只有第五公设才涉及整个无限平面概念的非经验的特征.再看微积分,在牛顿之后150年中唯一得到的只是一个不精确的、半物理系统的论述!除去它与经验的关系外,就是在基本概念上的含糊不清、在推理上的不严谨而引起的各种观点、各种方案的争议,也使其"发展之混乱与模糊到了无以复加的程度".但是没有一个数学家会把这一时期中的发展看作"异端外道",而且这个时期产生的数学成果都是空前第一流的.又如,在现代数学中的突变理论就是正处于各种观点争论之中的一个数学新分支.

突变理论是由法国数学家雷内·托姆于1968年提出的.由于突变理论有些概念还很模糊,有的证明还不够严格,所以,一种观点认为突变理论的诞生,是数学界的一次智力革命,是微积分以后的最重要的发现;另一种观点认为突变理论是一种无稽之谈,学术界必须对它保持怀疑.这场争论究竟要持续到何时,很难预料.但是随着这场争论,带给人们的将是突变理论的成熟、完善的发展.由此可见,"论证数学"的发展动力是数学理论体系的内部矛盾,以及各数学理论之间的矛盾.这种动力促进了数学理论向纵深发展,加速了理论的非经验化进程.如微积分基础问题中的无穷小量论和极限方法论;数学基础问题中的逻辑主义学派、直觉主义学派和形式主义学派,以及近几十年形成的布尔巴基学派,等等.由于他们之间的矛盾而推动数学理论的发展.

第三层次的数学是一种高度抽象化、形式化的理论体系.它既是最严密的,同时又是最一般的,并且还是最牢固的.从而可以说,这种数学几乎是非常理想地使人们要求的绝对严密的理性和求知欲望第一次得到满足,使人们认识到了自己本质力量的高度自由.这种数学成果,也使人们得以从中反观自己的自由本质力量.我们称之为"纯理性数学".换言之,纯理性数学是一种创造性的、受几乎一切审美因素支配的学科.纯理性数学的发展动力是数学理论与数学审美标准之间或数学美形态前后之间的矛盾.这种动力对于创立高度抽象、最高一般化的数学理论体系,进行伟大的数学综合有着特别重大的作用,也是数学理论得以完善的重要因素,对数学的推动很大.欧几里得的《几何原本》、希尔伯特的合理系统、布尔巴基学派的《数学原本》就是主要靠第三种动力从事数学研究的伟大成果.

我们认为,数学美的特征是"人化自然"的结果,也是人的本质力量对象化的产物,所以数学美能为人们所揭示.应该坚信,数学研究的目的在于揭示这种美是创立高度抽象的数学理论体系的基础.欧几里得是以数学美作为数学发展动力的伟大先驱.他的伟大之处在于他能恰当而准确地选择简单、统一、和谐的美学特征作为研究的准则,创立了庄严美妙的公理理论体系.他总结概括出14个基本命题,其中有5个公设和9条公理.由此出发,他运用演绎方法将当时所知的几何学知识全部推导出来.欧几里得之所以能以美学准则来研究几何,这与古希腊特有的科学思想气质有关.数学家、美学家毕达哥拉斯,提出事物的本质是由数构成的,整个宇宙是由数的和谐关系造成的,认识世界就在于认识支配世界的数.他从这种"美的和谐"说出发进行了数学研究,并且纯凭心智来考虑抽象问题,创立了纯数学,把它变成一门高尚的艺术.因此,从历史上看,西方美学思想发祥于毕达哥拉斯学派的"美的和谐"说,第一个美学特征——和谐——起源于数学美,并成了纯数学的唯一内在动力.德谟克利特另辟蹊径,到人类社会生活中寻求美.他认为美的本质在于井井有条、匀称、各部分之间的和谐、有正确的数学比例.柏拉图认为毫无疑问世界是按照数学来设计的.亚里士多德也指出,虽然数学没有明显地提到美,但数学与美并不是没有关系的.因为美的主要形式就是秩序、匀称和确定性.而这些就是数学所研究的原则.这种以数学美为内在动力的数学研究传统是整个古希腊数学的特征.欧几里得得天独厚地继承、发扬了这个数学研究传统,以简单、统一、和谐、公理化美学特征为准绳,以前人工作为基础,书写了为世人推崇的《几何原本》.但是欧几里得的《几何原本》的成功标准,并非完全是美学的标准,它还带有经验的要素,如他所用的"合同相等的内容及意义"就是经验地设定"能够完全重合的东西相等"的.所以欧几里得不是纯粹按照数学美的特征来建造《几何原本》的.

针对欧几里得几何体系中公理系统的不完备性、逻辑证明不严谨性,数学家们提出补充改进公理系统问题.终于被希尔伯特于 1899 年以他的《几何基础》一书圆满地结束了这个问题的讨论.希尔伯特提出建立公理系统应遵循的三原则,是统一、和谐、简单等一系列美学特征的最高形式,希尔伯特的成功就在于他正确地把握住了数学发展的最深层动力——数学美.

任何纯理性数学理论体系的建立,都迫使数学家选择一定的数学美学特征作为建立理论的内在动力.以集合论为例,目前存在两种公理系统:一是策墨洛-弗兰克尔-柯肯形式,简称 ZFC;二是贝尔纳斯-诺依曼-哥德尔形式,简称 BNG.对于数学公理化方法的研究,布尔巴基学派应用公理化方法按结构观点来重新整理各个数学分支,希望建立一个囊括各数学分支的整体系统.对于这些高度抽象的理论体系,均需要受到几乎一切审美因素的支配.正如法国数学家阿达玛(Hadamard)所说:"数学家的美感犹如一个筛子,没有它的人,永远成不了发明家."

5.4 未来数学发展的方向——真、善、美的统一

20世纪以来,随着科学技术的突飞猛进,数学发展也波澜壮阔.一方面产生了许多新的数学分支,另一方面,各个学科相互影响和相互渗透,又出现了数学大综合的趋势.这种又分化又综合的数学发展潮流,迫使数学家选择正确的研究方向.而数学美感在数学发展的一定阶段上可以直接给数学家以推动力,也可以间接地通过"模式"给数学家以指导思想.马克思曾说过:"最蹩脚的建筑师从一开始就比最灵巧的蜜蜂高明的地方,是他在用蜂蜡建筑蜂房以前,已经在自己头脑中把它建成了.劳动过程结束时得到的结果,在这个过程开始时就已在劳动者的表象中存在着,即已经观念地存在着."这里的"观念"就是建造的"模式".这就是说,建筑师先有模式,然后构造房屋.同样整个数学研究的世界犹如一座建筑,数学家们先有模式,然后构造数学的宫殿.数学理论是按照数学美学特征的模式来建造的.数学家们从自己的模式出发各自选择某些美学特征作为研究、检验数学理论的标准.数学家毕达哥拉斯的模式:事物的本质是由数构成的,整个宇宙是由数的和谐关系造成的.与毕达哥拉斯学派思想有联系的直觉主义(构造主义)学派的模式:数学产生于直觉,认为只有能直觉地感受到的东西才有意义,数学的对象只能由心智所构成,数学的真理性与经验无关.他们的名言:"上帝创造自然数,其他的都是人造的."构造主义的创立者布劳威尔指出:数学的基础只可能建立在具有构造性的程序上.逻辑主义学派的模式:数学即逻辑.数学只不过是一种没有内容只有形式的逻辑体系,可以在逻辑的基础上建立全部数学.逻辑主义学派真正创立者罗素曾公开宣称:"在数学中,我们所说的到底真不真,我们也是全然无知的.我们全然不知道我们在数学中谈论着些什么."形式公理学派创始人希尔伯特的模式:数学本身就是借助于"模型方法""理想命题"构造出一个具有相容性、独立性和完备性的完善的形式公理系统.它的各个分支学科都有各自的公理系统.布尔巴基学派的模式:数学是建立在集合论基础上的,以代数结构、顺序结构和

拓扑结构等母结构为出发点的统一的结构系统.数学理论的创立和理论体系的建立必须依靠选取正确而合适的模式.所以庞加莱认为,数学发现(创造)实质上就是一种正确的选择,即如阿达玛对庞加莱的有关论述进行概括时所指出的那样:"发明就是选择,而选择则唯一地是由科学美感所支配的."因此选择恰当的以数学美为核心的模式对数学的发展具有十分重大的意义.就是一门成熟的数学学科也必须通过不断地改善它所选择的模式,才能促进这门数学理论的进一步发展.美是真的光辉,依靠这种光辉来照亮认识数学真理的道路,给予探求者认识道路的一种内驱力.非欧几何的创立就是一个力证.两千多年来,数学家对欧氏几何第五公设进行了艰苦研究,最终导致非欧几何产生.根本原因在于第五公设不符合简单性这一美学特征.

在美的驱使下,可以建立起数学理论,可以被后来的实践所检验并为人类产生效用.为什么数学美有这样大的作用呢? 这是由于真善美存在着统一性.但我们必须看到,这三者又不完全一样,它们既相联系,又有区别.在数学理论研究中,我们既不能用美代替真、善,也不能忽视数学的美,只谈数学的真、善.真、善、美分别是哲学、伦理学、美学中的三个基本概念,因此,揭示数学中真、善、美的关系,对于促进数学的发展具有重要的意义.

数学的真、善、美是客观存在的,是辩证的统一,它们反映了数学的三个不同的侧面.一个正确的数学理论,就其反映外部现实真实存在事物量的必然性而言,就是数学的真;就其实现对外部现实合目的的要求而言,就是数学的善;就其体现人的能动的创造力而言,就是数学的美.数学的真、善、美统一于人类社会实践,是人类长期社会实践中与自然形成的和谐关系的三个基本客观标志.

数学的真、善、美是相互联系与相互作用的.黑格尔说:"从一方面看,美与真是一回事.这就是说,美本身必须是真的."即数学美是以真作为前提的,没有数学真理,便没有数学美.如果违背了事物量及其关系的客观规律性,即失去了数学的"真",那么,数学美不可能被创造出来.正如罗丹(Rodin)所说:"美只有一种,即显示真实的美."这就是说以人的自由创造的本质、本质力量在宜人的物质形式中显现出来的"数学美",必然会蕴涵着客观事物量及其关系的规律性——数学真理.这是因为人的自由自觉的创造活动是离不开对客观事物规律性的把握的.正如列宁所说:"外部世界、自然界的规律……乃是人的有目的的活动的基础."这就是说"真"是"美"的必要条件,"美"是"真"的充分条件,这是从数学理论发展过程的角度来说的.全部的数学史说明,数学理论本身是一个不断完善的过程.这也就是说,一个数学体系的形成,必然要从不太完美的形式向比较完美的形式过渡.这往往要靠几代数学家的共同努力才能做到.例如不太完美的欧几里得几何体系发展到希尔伯特的完美的《几何基础》,经过了数学家们两千多年的努力.欧几里得几何是真的数学理论,欧氏几何与几何基础相比就不美了,从这个角度来说真的数学理论不一定是美的.反之,美的理论一定是真的.杰出的数学家的美感直觉,往往使他可以超越当时数学的发展水平,直接洞察到数学深层的和谐性.由这种美感直觉创造出来的数学理论可以超出当时数学科学发展水平和一般人的认识能力,所以被人认为是不真的数学理论.然而,从发展了的数学科学和人的认识能力来看,因为它确实从量的侧面反映了自然界的内在和谐与秩序,把握了自然界的客观规律,所以在后来它也就是"真"的了.如非欧几何就是这样,开始创造它时,认为是虚幻的几何,后来在相对论中找到了应用之后,非欧几何就是真实的了.

上面是从理论发展的角度来看数学的真与美之间的关系.如果从实践检验理论这个角度来看,美的数学理论不一定是真的.这就是说"真"是"美"的充分条件,而"美"是"真"的必要条件.美的数学理论在没有接受实践检验之前,只是纯粹人类思维的创造,它与客观世界是否相符合,还是不知道的.尽管在数学形式上是优美的,可是只要它与事实不符合,那就不能认为它是"真"的理论.例如,我们可以从纯形式上创造出一种符号积分,尽管在形式上可以很完美,但它与现实不符,就不能认为它是"真"的理论.反之,真的理论,它一定是美的,这是从理论形式的完成和从数学理论反映自然界的和谐规律这个角度而言的.自然界的和谐规律是数学美学的审美理想,既然真的数学理论能够从量的侧面反映自然界的和谐规律,那么真的数学理论当然就是美的了.例如,群的理论从量的侧面反映了自然界规律,当然它就是美的数学理论.

数学的美感与应用都是作为对人的一种价值而存在的,而数学美又是以数学理论的应用价值为前提的.亚里士多德说得好:"美是一种善,其所以引起快感正因为它善."再者,数学美是蕴涵着数学的功用的.正如鲁迅先生所说:"享受着美的时候,虽然几乎不想到功用,但可以由科学的分析而被发现""美的愉快的根底里,倘不伏着功用,那事物也就不见得美了".譬如微分几何与群论,它们无疑被想象为抽象的非应用学科,并且几乎始终在审美特征下加以开拓的,但是前者在十年之后,后者在一个世纪后,都在物理学中非常有用.故中世纪罗马哲学家普洛丁也说:"善在美的后面,是美的本原."

我们了解数学的真、善、美之间的关系以后,就应该全面把握数学的研究方向:当我们重视数学美的内驱动力之同时,还必须重视社会实践的外驱动力,而且后者是数学发展的根本动力.否则,就会把数学引入歧途.正如冯·诺依曼所说:"在距离经验本源很远的地方,或者在多次'抽象的'近亲繁殖之后,一门数学学科就有退化的危险,每当到达如此地步的时候,在我看来,唯一的药方就是重获青春而反本求源,重新注入多少来自经验的思想."数学发展的历史也完全证实了这一点.数学的发展归根结底是社会实践的推动,只有社会实践的推动,才能使数学的发展生气勃勃,不断开拓出新的局面.

在数学发展的道路上,我们应该追求真、善、美的统一.别林斯基(Белинский)说:"科学与艺术也是为最高的善服务的,而最高的善同时就是最高的真和美."我国著名诗人艾青说:"诗神驾着纯金的三轮马车奔驰,那三个轮子就是真、善、美."无怪乎威·汤姆生(W. Thomson)将数学家傅立叶的《热的分析理论》一书誉为"数学的诗",并得到了恩格斯的肯定.由此可见,人们渴望数学理论能尽善尽美,达到真、善、美的统一是完全可能实现的.所以追求数学真、善、美统一的方向,就是未来数学的发展方向.追求真、善、美的统一就是科学精神,就是人类的精神所在.

六　数学的审美教育

审美教育简称美育,它是通过一定方式、设施,培养人正确、健康的审美观点、审美情趣,提高人的欣赏和创造美的能力的教育.美育的目的就在于形成完整、和谐发展的人物个性,与德育、智育、体育一样,都是培养全面发展人才的不可缺少的环节.

6.1　审美教育的产生与发展

审美教育有一个从不自觉到自觉阶段,随着人类审美活动的发展,越来越得到人们的重视.人类社会早期,当人不仅从实用功利目的,而且也从审美上对待客观事物时,常常在审美活动中受到不自觉的审美教育.自觉地提出审美教育,始于柏拉图.柏拉图认为应该让学生潜移默化地"从小就培养起对于美的爱好,并且培养起融美于心灵的习惯".古罗马诗人贺拉斯提出"寓教于乐"的观点,即诗人的愿望是给人教益和娱乐,或把愉快的和有益的东西结合在一起.我国的思想家、教育家孔子谈诗可以兴、观、群、怨.我国最早的音乐理论著作《乐记》谈音乐有反映时世治乱和帮助政教作用.《乐记》指出艺术对主体的情感具有反作用,认为主体和作品之间有着一种内外相应、同类相动的关系.它强调音乐必须受政治伦理的制约,指明艺术的社会功能在于通过影响、变化、陶冶,把和人们的欲望相关的好恶等情感导向礼义,使之符合于所要求的礼义.

在西方文艺复兴之后,资产阶级政治家普遍重视强调审美教育的社会作用.德国浪漫主义诗人和剧作家席勒(Schiller)认为,现代社会使人性分裂,只有经过审美教育才能恢复人性和谐,实现美好社会理想.把审美教育推向极端,这当然是错误的.马克思主义认为,审美教育是人类认识世界,按照美的规律改造世界,改造自身的一个重要手段,它对人类的社会实践活动具有重大的作用.人类通过长期的社会实践活动,一方面促使了自然的"人化",不断地改造客观世界;另一方面也促使了自身的"人化",使人的本质力量得到不断的丰富和发展.人从自身的"人化"所获得的审美感觉、审美观念、审美理想、审美能力,反过来又对实践发生作用,从而创造更加美好的客观世界.

审美教育的内容越来越丰富,范围极其广泛,它渗透到人类社会生活的各个领域之中.人们不仅通过对音乐、美术、文学、戏剧等艺术美,而且也通过对自然美、社会美、科学美的审美活动,得到美的熏陶,提高和美化精神境界.数学活动是一种心智活动,这里也有一个美育问题.我国古代传说的"河图洛书"、数学中的趣题、数学游戏等都是以美的形式和内容,来激发人们的兴趣和爱好,使人在做趣题,进行数学游戏的过程中受到数学的审美教育.美育离不开知识的传授,应该在智育活动中进行审美活动,反之,美育可以促进智育.我国近代教育家蔡元培说:"无不于智育作用中,含有美育之原素;一经教师之提醒,则学者自感有无穷之兴趣."我国当代数学家徐利治教授明确提出:"数学教育与教学的目的之一,应当让学生获得对数学美的审美能力,从而既有利于激发他们对数学科学的爱好,也有助于增长他们的创造发明能力."这就是说在数学教学中应该遵循和贯彻美育原则,使受教育者更好地感知和理解数学美,使人在愉悦的数学审美活动中潜移默化,陶冶性情,充实、丰富精神世界,培养完善高尚的情操,执迷于对数学的追求,充分发挥其在数学方面的创造性潜能.

6.2 数学审美心理的结构分析

数学审美心理的基本形态是数学美感.数学美感,亦称数学审美意识,是指数学审美对象作用于审美主体在其头脑中的反映.数学的审美意识包括数学审美意识活动的各个方面和各种表现形态,如审美趣味、审美能力、审美观念、审美理想、审美感受等.

数学美感的表现形式和产生美感的原因是多方面的,多层次的.从数学美感的形成上看,它是一个由表及里、由感性认识向审美观念升华的过程.其最低层次往往是由审美对象外在形式的触发而引起的.当数学家发现了某种具有美的特征的研究对象时,通过第一眼的印象可能立即受到强烈的吸引,被所观察的数学对象的美所撼动而心荡神迷,甚至达到沉醉忘我的地步.对称的几何图形、整齐的行列式、统一的方程式、奇异的数学式子、抽象的数学符号都会使之倾倒,醉心于数学美的享受之中.

但是,许多数学家认为是美的东西,其他人都不见得发现其美;而在外行人看来是枯燥无味的东西,数学家却能理解其中的奥妙,领略到美的神韵.这种美感是一种高层次的美感.它与数学家的素养、数学研究的经验和对数学理论的评价水平有关,是处在审美意识深层的一种表现形式,我们称为审美观念.这就是由数学的审美经验积累和归纳而成的概念形态.雅克布·贝努利特别考察了对数螺线在各种变换条件下所具有的不变性质.对于具有这一性质的曲线,他十分宠爱.他死后,人们根据其遗嘱在他的墓碑上雕刻了一正一反的这样两条曲线,铭文写着:"再生仍故我".人们将经过各种变换群作用下的不变性研究所得的经验,概括出在变换作用下的不变性是数学美的特征的观念.

从审美对象看,可以把数学美感区分为数学研究对象的美感、数学创造的美感和数学理论评价的美感.数学概念的明确新奇,数学定理的简洁深奥,数学公式的简明醒目,数学方法的简单广泛,都会使数学家感到兴奋,产生美感.数学创造的美感是指数学家通过自己的数学探索的艰苦劳动,由必然境界过渡到自由境界时所体验到的美感.科学始于问题.数学问题是数学理论本身不完备的表现,因此在数学家的心理上留下了短缺的失落感,造成了主客观的不和谐,这就促使数学家进入寻找问题答案、完善理论的心理状态.一旦问题得到解决或者即将见到胜利的曙光,研究者就进入一种豁然开朗的美好境界,达到主客观的和谐,在心理上产生极大的乐趣.当代统计学家布拉克威尔(Blackwell)说:"有一件使我特别高兴的事,是我为拓扑学中的一条定理——Kuratowski 简约定理——给出了一个对策论证明.当我正在研究这个定理的证明并试图理解它的时候,突然意识到我头脑中的思路恰恰是几年前我考虑无穷对策的思路.在三分钟内,我便想到可以通过构造一个对策来证明这一定理,这使我大为高兴,因为我把前人从未联结过的两个领域联结在一起了."这正如生物学家巴斯德(Pasteur)说:"当你终于确实明白了某种事物时,你所感到的快乐是人类所感到的一种最大快乐."对于数学理论的评价,美学标准是一个重要标准,数学美感往往起主要的作用,美的感染力同真理的征服力从根本上说应该是一致的.我们要求数学理论要保证内在逻辑上的自洽性、系统的前后一贯性,公式、定理、公理体系具有形式上的简洁和内涵的深广,以达到部分与部分之间以及部分与整体之间的协调一致.

数学审美心理无论就形式上来看,或者就作用对象来看都不是用简单几句话阐述得清楚的,它既不能归结为艺术美感,又不能用数学定理给予推导,用公式给予定量描述,甚至有时只可意会,不可言传.正由于这种特殊性,我们可从主体审美心理结构的要素加以分析.

(1)主体的需求

人们探索自然的好奇心是人类"似本能"的一种心理属性.对于一个正常的、心理系统比较完善的人,审美需求在心理结构中占有较高层次的位置,而数学美感的需求是这一层次中的最高点.好奇心、求知欲望、登上数学顶峰的理想的综合作用的结果产生了对数学美的强烈追求.

(2)知识的制约

审美主体的数学素养、艺术素养和哲学素养是数学审美心理结构的制约因素.数学素养是一种理解因素,它是对数学选择的基础.数学家最初选择数学事物作为研究对象时首先考虑的是数学价值因素.如果某种数学对象对于认识数学真理是一种有用的工具,它有助于扩大人类的知识领域;如果某种发现是人们久已寻求的数学和谐的缺失环节,从而解决了数学中悬而未解的难题,那么数学家才会在理解的基础上同其建立起审美关系.艺术素养对数学美感的知识要素起激发、放大作用.许多数学家借助于艺术的情境去促进数学思维.爱因斯坦说:"在科学思维中,永远存在着诗歌的因素."有许多数学家们对诗歌的创作和欣赏都是有很深的造诣的,苏步青、华罗庚和李国平的诗词写得就很好.越民义是国画的收藏家和鉴赏家.徐利治极力主张数学家一定要学文学,他本人酷爱文学,能熟背唐诗 40 余首.王湘浩每星期天要到"大观园"去"观赏"一番,细心品味《红楼梦》.他说这对科学研究不是没有好处的.原来数学与文学是相通的,数学家有了艺术的素养,就能以优美的艺术情境促使思维迅速而恰到好处地达到数学的审美情境,以美作为中介和动力,就能卓有成效地寻求到数学的真与善.哲学素养对数学美感的升华具有启发、抽象和概括作用,它能帮助数学家洞察出数学深层次的普遍性,达到深远的境界.同时还有助于培养数学家综合的数学鉴赏力,从而使数学审美评价达到运用自如的程度.

（3）文化心理的影响

一种社会、区域、民族文化特征对审美主体心理结构有一定的影响.文化背景是指社会意识形态中诸如哲学、道德、科学技术等文化要素的有机总和.它是历史地形成的时代的产物.数学则是文化大系统中的一个重要组成部分,它的形成和发展必然受制于文化背景,从而使数学美明显带有主体文化的印记.思维方式是一种文化特征与气质的集中体现,同时又对文化系统的各要素产生着强烈的影响,表现为促进、延缓和阻碍作用.我国先秦科学思想的主流是道气阴阳五行思想,它构造了中国传统科学思想的基调:非经验性、非逻辑性、非定量性.古希腊则追求一种普遍的因果联系,执着于探究宇宙的构成与发展,从而使得科学将自然界作为客观的认识对象加以研究,这就有利于形成结构分析和实验分析的思维定式,促进了思维形式的严格性的发展.中国数学思想的鼻祖是《周易》,它注重数的来源,从而使得中国数学注重实际应用,形成的数学成果呈代数形态,其代表作为《九章算术》.该书的内容是按实际问题分类而汇编的我国古代的一本数学著作,只有构造性的内容而无构造性的理论体系.西方数学思想的鼻祖是毕达哥拉斯学派,它强调数学的本质,从而使得西方数学注重理论完善,形成的数学成果呈几何形态,其代表作为《几何原本》,该书在内容上和体系上都是构造性的.社会价值、审美观点、思维变革是有机的统一体,既相互独立又相互作用.不同文化心理背景在很大程度上决定了人们对数学和艺术的本质及其关系的理解,影响着数学家对数学美的信念的强弱和心理感受水平的高低,进而影响着数学家群体的艺术素质和数学创造量级.

(4)潜意识的配合

潜意识是隐藏于心理的深层次的审美心理系统中的自动因素,它并不能孤立地发生作用,而是和其他诸要素相互作用,协同配合的.数学创造最终要受一定目的性的支配,只是在某些环节中带有无意识的特征,因而我们称为潜意识.数学审美心理中最带有无意识特征的心理状态是直觉、灵感和思维的混沌.从心理空间的混沌到清晰的秩序性,其变化是非线性的、突现的,它使心理上的非平衡状态发生冲突、动荡,迅速而几乎是无意识地形成各种猜想的模式,同时以审美的直觉快捷而有效地选择出最优的模式.数学的审美意识是数学直觉的本质,这种审美意识能力越强,数学直觉能力越强,选择能力越强,数学的创造性思维的能力就越强.如果逻辑推理作为一种有意识的过程,那么由灵感、顿悟、直觉、想象等美学范畴构成的一种非线性、或然性推理称为臻美推理,这种推理就是一种无意识过程.有意识的过程是受逻辑规律支配的,无意识过程是受审美意识支配的,它酝酿着最优选择的契机.这种契机是在长期艰苦的、自觉的、有意识过程之后产生的.正由于对某一数学问题经过艰苦的思考之后,由数学审美的直觉,使思绪的混沌突然升华到一种清彻、顿悟的境界,展现出一幅前所未有的最优模式的美好图景.

在数学创造中,许多数学家都重视潜意识的思想.之所以如此,是因为它有许多突出的优点.首先是它的自动运动形成一个不间断地运动变化中的"流",使数学家在从事其他活动时也能同时伴随着探索疑难数学问题的心理活动,这就提高了脑思维的时间效率.其次,这种潜意识活动广泛联系着心理"场",从而扩展了思维空间,这就有可能触发被抑制或被淡忘了的心理成分.再者,这种心理活动是突破形式逻辑的线性思维框架,是形成思维空间新结构的必由之路.

6.3 数学鉴赏力

在文学里存在着文学鉴赏力,在艺术领域里存在着艺术鉴赏力,同样,在数学中也应该存在着数学鉴赏力.这种类比是有道理的.因为文学艺术与数学在美这一点上是相同的,正如数学家波莱尔所说:"我们的活动与艺术家的活动有许多共同之处:画家进行色彩与形态的组合,音乐家把音乐组合起来,诗人组词,而我们则是把一定类型的概念组合起来."什么是数学鉴赏力? 数学鉴赏力就是审美主体欣赏数学理论审美价值所必需的审美能力.它实际上是对于数学理论美的感受、理解和评判的一种本领.如果一个人没有数学鉴赏力,那就不可能知道数学理论还会有美的魅力.学习和研究数学,不但使人获得智育的满足,而且还可以从中得到美的熏陶,从而能深刻地理解数学、发展数学.

数学理论主要是为自然科学和技术科学服务的,因此它具有科学价值.另一方面,它还有审美价值,因为数学也是一种艺术,有美的特征.数学理论的审美价值就是数学理论具有的能在一定程度上满足人审美需要的,给人审美享受的价值.

虽然人必须有数学的审美能力才能认识数学的审美价值,但在审美活动中,数学理论所固有的审美价值客观上决定人审美感受的方向、内容和程度.数学家在对不同的数学理论的审美活动中,通过比较,得出审美判断,认为哪些数学理论比较美,哪些数学理论比较不美.有时就是同一个数学理论,之所以表现出不同的审美价值,这主要是由数学家的个体差异和一切历史的、社会的原因之总和而形成的.数学理论的审美价值除了与其具体的对象有关,还与数学家体验的能力和表达数学理论的个性色彩有关.譬如伽罗华群是数学上最优美的理论之一,因为它解决了代数中一个古老而当时又需要解决的数学难题,它在更高层次上,以更高的观点解决了根式求解问题,因此其应用范围十分广泛,这是一项内容十分丰富的理论.它依据了几个非常简洁的原理,以新的概念筑建起新的结构,具有巨大的开创性.这个理论所提出的新观点和新概念对整个数学产生了深远的影响.这一理论由于思想方法的独特,以及表达的深奥,当时还未被人所理解,就连数学家柯西和泊松,都没有端倪出其美的光辉,致使这一重大的理论推迟了十几年才问世.这是因为看不出群论美在什么地方,因此也就谈不上美的比较了.

6.4 数学审美能力的培养

审美能力是人类独有的能力.它的形成与发展是与人的生理素质

有关的,但更与人的社会实践有关.数学审美能力的培养,一方面通过数学的学习、研究的实践形成,另一方面要自觉地通过数学的审美实践和审美教育来培养.下面我们主要从数学的审美教育途径谈审美能力的培养.

数学的审美教育可通过多种方法和途径来实现审美能力的培养.其途径之一就是学习美学的基本知识,懂得一定的艺术规律.在数学教学中,要求教师引导学生对学习内容中数学美的特征产生兴趣,把抽象的数学理论美的特点充分展现在学生的面前,渗透到学生的心灵之中,使他们感到数学王国也是充满着美的魅力.这就要求教育者具有一定的美学基本知识,认识数学美的特点,能够敏捷地感知和理解教学内容中的美学因素.也只有具备基本的美学知识,才能把与数学内容有联系的美的因素引入到课堂教学中.这样学生才能感知和理解数学美,从而产生学习兴趣,达到以"美"促"智"的目的.马克思说:"你想得到艺术的享受,你本身必须是一个有艺术修养的人."懂得基本的美学知识,掌握数学美的特点,你才能感受美,欣赏美,从而进一步理解美的真正涵义.

从理智上认识美这是很重要的,但诉诸情感,使人通过对美的感受、体验等心理活动,在情感上受到感染更为重要.审美教育的过程常伴随着主体强烈的情感活动,它能造成人们感情的激荡,引起感情上的共鸣.在数学审美教育中,这就要求有生动性、形象性、感染性.教育者对事业、对学生、对数学要充满真挚热爱的情感.教师对事业、对学生热爱之情就会使学生感到亲切,教师对数学强烈的兴趣爱好之情就会使学生对所学的内容倾注自己的情感,产生对数学的爱.

培养数学的审美能力最重要的途径就是投身于数学的创造实践之中.研究数学是一种艰苦的创造性劳动,创造是智慧的花朵,它需要勇气和毅力,它需要强烈的对美的追求和浓厚的数学审美意识.数学创造过程需要审美功能的全面发挥,就如从游泳中学习游泳,从数学的创造实践培养数学的审美能力是最有力的方法.在数学的学习过程中,可从数学的再现型的数学发现来培养数学的审美能力.例如,通过对杨辉三角形的直观观察,可推出许多的组合恒等式,对于这些等式,我们不一定按着书本上一个一个地看下去,而是通过自己的观察、猜想,然后再去推证.而作为教师要选择一些典型问题,一步一步启发学生去发现,下面我们举两个例子具体予以剖析.

例 1　点 M 与椭圆 $\dfrac{x^2}{13^2}+\dfrac{y^2}{12^2}=1$ 的左焦点和右焦点的距离之比为 $2:3$,求点 M 的轨迹方程并画出图形.

解　设点 M 的坐标为 (x,y),按题意得

$$\frac{\sqrt{(x+5)^2+y^2}}{\sqrt{(x-5)^2+y^2}}=\frac{2}{3}$$

化简整理得 $(x+13)^2+y^2=12^2$.其图形如图 6-1 所示.

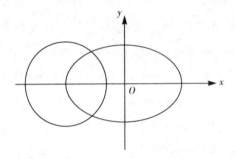

图 6-1

作完例 1 以后,引导学生进行观察,可以发现如下两个结果:

(1)点 M 到两焦点的距离之比恰为椭圆的长半轴和半焦距之差与短半轴之比.详言之,设椭圆长半轴为 a,短半轴为 b,半焦距为 c,有

$$\frac{2}{3}=\frac{a-c}{b}=\frac{13-5}{12}=\frac{2}{3}$$

(2)图 6-1 中的圆的圆心恰为长轴的左端点 $(-a,0)$,其半径恰为椭圆的短半轴 b.

从图 6-1 的图形上看,若在椭圆右端再加上一个对称的圆,从而形成图 6-2,这个图案好似望远镜,美极了.

要形成如图 6-2 所示的图案,这时,需改成如下的题目:

点 M 与椭圆 $\dfrac{x^2}{13^2}+\dfrac{y^2}{12^2}=1$ 的两焦点距离之比为 $2:3$,求点 M 的轨迹并画出图形.

由于图 6-2 的优美,促使我们把这个特殊的图形推广到一般,对于一般的椭圆是否也能得到这种优美的图案呢?这就要解决下面的问题:

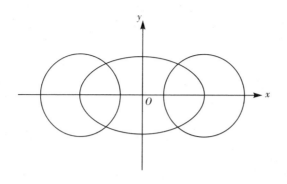

图 6-2

设椭圆 $\dfrac{x^2}{a^2}+\dfrac{y^2}{b^2}=1(a>b>0)$ 的半焦距为 c，动点 $M(x,y)$ 到两焦点的距离之比为 $\dfrac{a-c}{b}$，求点 M 的轨迹方程.

解 依题意，得

$$\frac{\sqrt{(x+c)^2+y^2}}{\sqrt{(x-c)^2+y^2}}=\frac{a-c}{b} \tag{1}$$

或者

$$\frac{\sqrt{(x-c)^2+y^2}}{\sqrt{(x+c)^2+y^2}}=\frac{a-c}{b} \tag{2}$$

其中

$$a^2=b^2+c^2$$

由式(1)两边平方后去分母整理，得

$$2(c^2-ac)x^2+2(c^2-ac)y^2-2c\cdot 2(a^2-ac)x+2c^2(c^2-ac)=0$$

因为 $c^2-ac\neq 0$，在上式中约去 c^2-ac，并经整理，得

$$(x+a)^2+y^2=b^2$$

同理由(2)，可得

$$(x-a)^2+y^2=b^2$$

综上所述，我们得到如下一般的结论.

定理 1 到椭圆 $\dfrac{x^2}{a^2}+\dfrac{y^2}{b^2}=1$ 两焦点的距离的比等于 $\dfrac{a-c}{b}(a>b>c,c$ 为半焦距)的动点 M 的轨迹是以椭圆的长半轴的端点为圆心，短半轴长为半径的两个对称圆：

$$(x\pm a)^2+y^2=b^2$$

双曲线与椭圆都是二次曲线，且都有两个轴和两个焦点，既然椭

圆有这样优美的结论,那么,双曲线是否也应该有这样美好的结论呢?下面我们就来试探.对于双曲线,由于 $c > a$,$\dfrac{a-c}{b}$ 为负值,如果将负变为正,也就是相应的比值取 $\dfrac{c-a}{b}$,则有下面的推论.

设双曲线 $\dfrac{x^2}{a^2} - \dfrac{y^2}{b^2} = 1(a,b>0)$ 的半焦距为 c,动点 $M(x,y)$ 到两焦点的距离之比为 $\dfrac{c-a}{b}$,则

$$\frac{\sqrt{(x+c)^2+y^2}}{\sqrt{(x-c)^2+y^2}} = \frac{c-a}{b} \qquad (3)$$

或者

$$\frac{\sqrt{(x-c)^2+y^2}}{\sqrt{(x+c)^2+y^2}} = \frac{c-a}{b} \qquad (4)$$

设双曲线离心率为 $e = \dfrac{c}{a}$,则对式(3)、(4)进行化简、变形、整理,得

$$(x \pm ec)^2 + y^2 = (eb)^2$$

由最后得到的方程可知,其轨迹也是两个对称圆,即有如下结论:

定理 2　到双曲线 $\dfrac{x^2}{a^2} - \dfrac{y^2}{b^2} = 1$ 两焦点的距离之比等于 $\dfrac{c-a}{b}(a,b>0,c$ 为半焦距,e 为离心率)的动点 $M(x,y)$ 的轨迹是如下的两个圆:

$$(x \pm ec)^2 + y^2 = (eb)^2$$

上述定理所得的结论,同样也是优美的两个对称圆.但与定理 1 相比,所得的对称圆的圆心并不在实轴两端点上,为什么有这种差别呢?我们来考察一下椭圆和双曲线三个特征量(两轴长和焦距)之间的关系.

在椭圆里,$a^2 = b^2 + c^2$,$a > c$,焦点在长轴的两端点之间.在双曲线里,$c^2 = b^2 + a^2$,$c > a$,焦点在实轴两端点之外.

通过上面的对比,我们发现:由于双曲线的实轴在两焦点之间,故到两焦点的距离比为任何正实数的动点 M 的轨迹都不会是以实轴端点为圆心的圆.上面所述的两个等式中,a 和 c 正好调换了一个位置,为此我们将焦点和实轴的端点地位对换一下,又怎样呢?这就是设

$$\frac{\sqrt{(x+a)^2+y^2}}{\sqrt{(x-a)^2+y^2}}=\frac{c-a}{b}$$

或

$$\frac{\sqrt{(x-a)^2+y^2}}{\sqrt{(x+a)^2+y^2}}=\frac{c-a}{b}$$

变形、化简、整理,得

$$(x\pm c)^2+y^2=b^2$$

上述的对称圆正是我们所希望的结果,于是我们得到如下定理.

定理 3 到双曲线 $\frac{x^2}{a^2}-\frac{y^2}{b^2}=1$ 的实轴两端点的距离的比等于 $\frac{c-a}{b}$ $(a,b,c>0,c^2=a^2+b^2)$ 的动点 M 的轨迹,是以双曲线的焦点为圆心,虚半轴长为半径的两个对称圆:

$$(x\pm c)^2+y^2=b^2$$

对于椭圆,类似于上面问题的提法,我们可以得到类似定理 2 所得的对称圆,也就是有如下定理:

定理 4 到椭圆 $\frac{x^2}{a^2}+\frac{y^2}{b^2}=1$ 的长轴两端点的距离之比为 $\frac{a-c}{b}(a>b>0,c$ 为半焦距,e 为离心率)的动点 M 的轨迹为两个对称圆:

$$\left(x\pm\frac{a}{e}\right)^2+y^2=\left(\frac{b}{e}\right)^2$$

我们正是因为对数学对称美和统一性美的追求,才发现了上述四个定理的.通过这样一个发现过程,我们可以饱尝到数学创造美的甘甜.

例 2 计算行列式:

$$\begin{vmatrix} 1 & 1 & 1 & 1 \\ 1 & 2 & 3 & 4 \\ 1 & 3 & 6 & 10 \\ 1 & 4 & 10 & 20 \end{vmatrix}$$

解 计算得到该行列式的值为 1.这个行列式的数字排列如此整齐,获得的行列式之值又如此的简单,竟是一个自然数单位 1.进一步计算可知,这个行列式左上角的三阶、二阶、一阶子式,其值也都等于 1,即

$$\begin{vmatrix} 1 & 1 & 1 \\ 1 & 2 & 3 \\ 1 & 3 & 6 \end{vmatrix}=1$$

$$\begin{vmatrix} 1 & 1 \\ 1 & 2 \end{vmatrix}=1$$

$$|1|=1$$

这种整齐、简单的美,难道是巧合吗?是否还有更一般的规律有待我们去发现?于是促使我们去思考、联想.我们不难发现这些行列式的元素从左上角起构成"杨辉三角"的一部分:

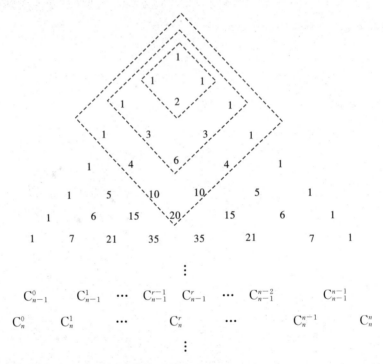

由特殊到一般,我们可提出如下猜想:

$$D_n=\begin{vmatrix} C_0^0 & C_1^1 & C_2^2 & \cdots & C_{n-2}^{n-2} & C_{n-1}^{n-1} \\ C_1^0 & C_2^1 & C_3^2 & \cdots & C_{n-1}^{n-2} & C_n^{n-1} \\ C_2^0 & C_3^1 & C_4^2 & \cdots & C_n^{n-2} & C_{n+1}^{n-1} \\ \vdots & \vdots & \vdots & & \vdots & \vdots \\ C_{n-2}^0 & C_{n-1}^1 & C_n^2 & \cdots & C_{2n-4}^{n-2} & C_{2n-3}^{n-1} \\ C_{n-1}^0 & C_n^1 & C_{n+1}^2 & \cdots & C_{2n-3}^{n-2} & C_{2n-2}^{n-1} \end{vmatrix}=1$$

下面我们用数学归纳法证明这一猜想.

当 $n=1$ 时,命题显然成立.

假设 $n=k$ 时成立,即 $D_k=1$,现证 $n=k+1$ 时也成立.事实上,从

$$D_{k+1}=\begin{vmatrix} C_0^0 & C_1^1 & \cdots & C_{k-2}^{k-2} & C_{k-1}^{k-1} & C_k^k \\ C_1^0 & C_2^1 & \cdots & C_{k-1}^{k-2} & C_k^{k-1} & C_{k+1}^k \\ \vdots & \vdots & & \vdots & \vdots & \vdots \\ C_{k-2}^0 & C_{k-1}^1 & \cdots & C_{2k-4}^{k-2} & C_{2k-3}^{k-1} & C_{2k-2}^k \\ C_{k-1}^0 & C_k^1 & \cdots & C_{2k-3}^{k-2} & C_{2k-2}^{k-1} & C_{2k-1}^k \\ C_k^0 & C_{k+1}^1 & \cdots & C_{2k-2}^{k-2} & C_{2k-1}^{k-1} & C_{2k}^k \end{vmatrix}$$

最下横行起,每一行顺次减去上面一行,并由组合数的性质:$C_{n+1}^m-C_n^m$ $=C_n^{m-1}$,得

$$D_{k+1}=\begin{vmatrix} 1 & C_1^1 & C_2^2 & \cdots & C_{k-1}^{k-1} & C_k^k \\ 0 & C_1^0 & C_2^1 & \cdots & C_{k-1}^{k-2} & C_k^{k-1} \\ 0 & C_2^0 & C_3^1 & \cdots & C_k^{k-2} & C_{k+1}^{k-1} \\ \vdots & \vdots & \vdots & & \vdots & \vdots \\ 0 & C_{k-1}^0 & C_k^1 & \cdots & C_{2k-3}^{k-2} & C_{2k-2}^{k-1} \\ 0 & C_k^0 & C_{k+1}^1 & \cdots & C_{2k-2}^{k-2} & C_{2k-1}^{k-1} \end{vmatrix}$$

从最右直列起,每一列顺次减去左面一列,并由 $C_{n+1}^m-C_n^{m-1}=$ C_n^m,得

$$D_{k+1}=\begin{vmatrix} C_1^0 & C_1^1 & \cdots & C_{k-2}^{k-2} & C_{k-1}^{k-1} \\ C_2^0 & C_2^1 & \cdots & C_{k-1}^{k-2} & C_k^{k-1} \\ \vdots & \vdots & & \vdots & \vdots \\ C_{k-1}^0 & C_{k-1}^1 & \cdots & C_{2k-4}^{k-2} & C_{2k-3}^{k-1} \\ C_k^0 & C_k^1 & \cdots & C_{2k-3}^{k-2} & C_{2k-2}^{k-1} \end{vmatrix}=D_k=1$$

综上所述,猜想得证.

证明了上述这个优美结果之后,由于整齐简单美的驱使,"杨辉三角"的其他部分是否也能使其行列式之值为1呢? 经观察计算,我们发现:

$$\begin{vmatrix} 1 & 1 \\ 1 & 2 \end{vmatrix}=1,\quad \begin{vmatrix} 1 & 2 & 1 \\ 1 & 3 & 3 \\ 1 & 4 & 6 \end{vmatrix}=1,\quad \begin{vmatrix} 1 & 3 & 3 & 1 \\ 1 & 4 & 6 & 4 \\ 1 & 5 & 10 & 10 \\ 1 & 6 & 15 & 20 \end{vmatrix}=1,\cdots$$

这就是如下"杨辉三角"中用平行四边形所标出的部分.

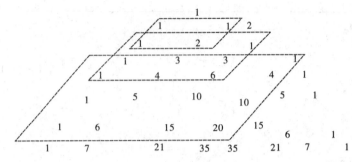

一般地,以"杨辉三角"第 n 行的 n 个元素作为第一行,向下依次再取 $n-1$ 行的左边的前 n 个元素,这样组成的 n 阶行列式等于 1.

我们经观察、计算,还可发现:

$$\begin{vmatrix} 1 & 3 & 3 \\ 1 & 4 & 6 \\ 1 & 5 & 10 \end{vmatrix}=1, \begin{vmatrix} 1 & 4 & 6 \\ 1 & 5 & 10 \\ 1 & 6 & 15 \end{vmatrix}=1, \begin{vmatrix} 1 & 5 & 10 & 10 \\ 1 & 6 & 15 & 20 \\ 1 & 7 & 21 & 35 \\ 1 & 8 & 28 & 56 \end{vmatrix}=1,\cdots$$

于是,又提出一个新的猜想:

以"杨辉三角"的第 r 行中左边的 n 个元素 $(r \geq n)$ 作为第一行,向下依次再取 $n-1$ 行中左边的前 n 个元素,这样组成的 n 阶行列式等于 1. 即

$$D_r = \begin{vmatrix} C_{r-1}^{0} & C_{r-1}^{1} & C_{r-1}^{2} & \cdots & C_{r-1}^{n-2} & C_{r-1}^{n-1} \\ C_{r}^{0} & C_{r}^{1} & C_{r}^{2} & \cdots & C_{r}^{n-2} & C_{r}^{n-1} \\ \vdots & \vdots & \vdots & & \vdots & \vdots \\ C_{r+n-3}^{0} & C_{r+n-3}^{1} & C_{r+n-3}^{2} & \cdots & C_{r+n-3}^{n-2} & C_{r+n-3}^{n-1} \\ C_{r+n-2}^{0} & C_{r+n-2}^{1} & C_{r+n-2}^{2} & \cdots & C_{r+n-2}^{n-2} & C_{r+n-2}^{n-1} \end{vmatrix} = 1$$

仍可用数学归纳法证明,得知猜想是成立的.

简单整齐的数学美,驱使数学家去试验、观察,从而提出猜想,然后再去证明.数学中许多定理、规律都是这样得来的.通过数学教学的再发现过程,可以有效地培养学生的数学审美能力.

参考文献

[1]　徐利治.数学方法论选讲.武汉:华中工学院出版社,1983

[2]　朱梧槚,肖妥安.数学方法论 ABC.沈阳:辽宁教育出版社,1986

[3]　郑毓信.数学方法论入门.杭州:浙江教育出版社,1986

[4]　朱梧槚.几何基础与数学基础.沈阳:辽宁教育出版社,1987

[5]　斯蒂恩.今日数学.马继芳,译.上海:上海科学技术出版社,1982

[6]　徐纪敏.科学美学思想史.长沙:湖南人民出版社,1987

[7]　米山国藏.数学的精神、思想和方法.毛定中,等,译.成都:四川教育出版社,1986

[8]　外尔.对称.北京:商务印书馆,1986

[9]　易健德.美学知识问答.长沙:湖南大学出版社,1987

[10]　蒋孔阳.美与审美观.上海:上海人民出版社,1985

[11]　克莱因.古今数学思想(1～4).上海:上海科学技术出版社,1979—1981

[12]　Borel.数学——艺术与科学.江嘉禾,译.数学译林,1985(3)

[13]　陈桂正,朱梧槚.数学发现中的美学因素.曲阜师范大学学报:自然科学版,1988,14(2)

[14]　徐利治,隋允康.关于数学创造规律的断想暨对教改方向的建议.高等工程教育研究,1987(3)

[15]　伊夫斯.数学史概论.欧阳绛,译.太原:山西人民出版社,1986

[16]　殷启正,徐本顺.试论作为数学发展动力的数学美.曲阜师范大学学报:自然科学版,1989,15(2)

人名中外文对照表

阿达玛/Hadamard

阿蒂亚/Aditya

阿基米德/Archimedes

阿默士/Ahmes

阿拿萨哥拉/Anaxagoras

爱因斯坦/Einstein

安德逊/Anderson

奥斯特/Oersted

奥特雷德/Oughtred

巴罗/Barrow

巴斯德/Pasteur

柏拉图/Plato

鲍姆嘉敦/Baumgarten

鲍耶/Bolyai

贝尔纳斯/Bernays

毕达哥拉斯/Pythagoras

别林斯基/Велинский

波尔查诺/Bolzano

波尔兹曼/Boltzmann

波莱尔/Borel

波普/Pope

布尔/Boole

布尔巴基/Bourbaki

布拉克威尔/Blackwell

布劳威/Brouwer

布雷/Brahe

车尔尼雪夫斯基/
　　Черныщевикй

达·芬奇/Da Vinci

达纳瓦/Danava

德谟克利特/Democritus

狄德罗/Diderot

狄拉克/Dirac

狄里克莱/Dirichlet

笛卡尔/Descartes

笛沙格/Desargues

法拉第/Faraday

菲洛劳斯/Philolaus

斐波那契/Fibonacci

费玛/Fermat

费希特/Fichte

冯·诺依曼/von Neumann

弗洛伊德/Freud

傅里叶/Fourier

伽罗华/Galois

高斯/Gauss

哥白尼/Copernicus

哥德尔/Gödel

格拉斯曼/Grassmann

哈里奥特/Harriot

哈密顿/Hamilton

海森堡/Heisenberg

贺拉斯/Quintus Horatius
　　Flaccus

赫拉克利特/Herakleitos

黑格尔/Hegel

亨廷顿/Huntington

怀特海/Whitehead

惠更斯/Huygens

焦耳/Joule

居里/Curie

卡瓦列利/Cavalieri

开普勒/Kepler

凯库勒/Kekule

凯利/Cayley

康德/Kant

康托/M. Cantor

柯尔莫哥洛夫/Кодмогоров

柯西/Cauchy

克莱因/Klein

克罗齐/Croce

库恩/Kuhn

拉查里尼/Lazzeriui

拉格朗日/Lagrange

拉克鲁瓦/Lacroix

拉玛努贾/Ramanujan

拉普拉斯/Laplace

莱布尼兹/Leibniz

莱辛/Lessing

兰姆赛/Ramsey

朗道/Landau

勒贝格/Lebesgue

雷内·托姆/Renē Thom

黎曼/Riemann

卢佛尔/Louvre

鲁宾逊/Robinson

罗巴切夫斯基/Lobachevsky

罗伯瓦尔/Roberval

罗丹/Rodin

罗素/Russell

迈尔/Mayer

麦克斯韦/Maxwell

门捷列夫/Менделеев

莫诺/Monod

拿破仑/Napoléon

耐普尔/Napier

牛顿/Newton

诺伊格包尔/Neugebauer

欧多克斯/Eudoxus

欧拉/Euler

帕斯卡/Pascal

帕西奥里/Pacioli

庞加莱/Poincaré

培根/Bacon

皮亚诺/Peano

蒲丰/Buffon

普洛丁/Plotinus

普洛克拉斯/Proclus

普宁宁/Pannini

热尔拜尔/Gerbert

圣·奥古斯丁/
　　Aurelius Augustinus

史坦纳/Steiner

释迦牟尼/Buddha

叔本华/Schopenhauer

斯泰文/Stevin

苏格拉底/Sokrates

托里拆利/Torricelli

威·汤姆生/W·Thomson

维尔斯特拉斯/Weierstrass

魏尔/Weyl

西艾泰德斯/Theaetetus

希波克拉兹/Hippocrates

希尔伯特/Hilbert

席勒/Schiller

谢林/Schelling

休谟/Hume

薛定谔/Schrodinger

雅科布·伯努利/Jakob
　　Bernoulli

雅可比/Jacobi

亚里士多德/Aristotle

芝诺/Zeno